茶馆 品茗悟禅

Tea House
Discover & Savour

本书编委会 编

中 国 林 业 出 版 社
China Forestry Publishing House

序言 PREFACE

醉人何须茶，屋香自醺人

“茶”字拆开，就是人在草木间。草木乃是人生之本，故而生活就是一杯茶，甘苦并重，恰到调制方能换来层香迭溢的境界。

茶有杯容，人亦需容器。人生的容器，并不需如俗见者那般大而无当，动辄上达寰宇，下至天地。其实得一屋足矣，只是这屋应当随着自身心境和脚步而变化。

说白了，居时有其归，劳时有其位，闲时得其闲。茗士自也要有其所。

人生须有成大事之质，品茶者人须有善泡之心。善泡者泡出来的茶更有清香的滋味。茶与水之外，这种“善”更得之于容器。茶楼便是人生归于享受时所在的容器，自然马虎不得。

茶楼，也就当仁不让的，具有了澄澈心灵的功能。要实现这种功能，需要设计师拥有对茶文化与清雅人生的双重深刻体认，才能为有型而无韵的材料，赋予带有茶香的灵魂。

茶楼之中，雕梁之下，谈笑者本无所谓鸿儒白丁，茶香溢及处，所在皆雅士。

輕飛瑟瑟塵
乳香烹出建溪春
世間絕品人難識
閑對茶經憶古人

目录 CONTENTS

寻茶　品茗悟禅

顺意号茶艺馆

Shun yi teahouse

设计单位　深圳市盘石室内设计有限公司、吴文粒设计事务所　\　设计师　吴文粒、陆伟英
项目地址　深圳梅林　\　项目面积　500 平方米

国茶文化发于神农，闻于鲁周公，兴盛在唐宋明清。中国自古以来便有以茶交友，品茶论道的传统。一个茶空间的完美呈现需要设计师具备深厚的茶文化底蕴，设计师通过对传统茶文化的认知，结合现代人的生活方式和审美形式，以自己的视角诠释中国悠久的传统文化精粹，演绎出具有东方哲学和现代生活美学于一体的茶饮休闲体验空间。

“偷得浮生闲半日，静坐庭前细品茗”，创造浮生梦境的茶饮空间，看隔空中的尘埃，浮浮沉沉。

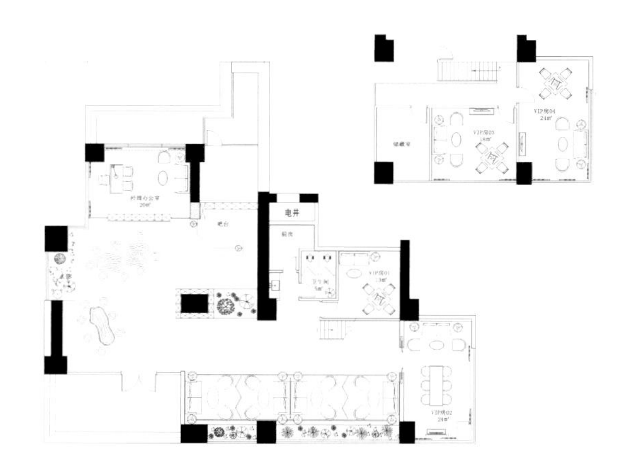

平面图 floor plan

茶經

顺意铺
野茶
沱王

心經

缘

茶經
茶者南方之嘉木也一尺二尺乃
至數十尺其巴山峽川有兩人合
抱者伐而掇之其樹如瓜蘆葉如
梔子花如白薔薇實如栟櫚葉如
丁香根如胡桃其字或從草或從
木或草木并其名一曰茶二曰檟
三曰蔎四曰茗五曰荈其地上者
生爛石中者生櫟壤下者生黃土
凡藝而不實植而罕茂法如種瓜
三歲可采野者上園者次陽崖陰
林紫者上綠者次筍者上牙者次
葉卷 上葉
舒次 陰山
坡谷 者不
堪采 掇性
凝滯結瘕疾茶之爲用味至寒爲
飲最宜精行儉德之人若熱渴凝
悶腦疼目澀四支煩百節不舒聊
四五啜與醍醐甘露抗衡也采不
時造不精雜以卉莽飲之成疾茶
爲累也亦猶人參上者生上黨中
者生百濟新羅下者生高麗有生
澤州易州幽州檀州者爲藥無效
況非此者設服薺苨使六疾不瘳
知人參爲累則茶累盡矣
茶之源 唐陸羽

观茶天下

Understand World Tea

设计单位　中国（合肥）许建国建筑室内装饰设计有限公司　\　设计师　许建国
参与设计　陈涛、欧阳坤、陈迎亚
项目地址　安徽合肥　\　项目面积　360 平方米
主要材料　古木纹饰面板、小青砖、芝麻黑石材、仿古板　\　摄影　吴辉

观茶天下
UNDERSTAND WORLD TEA
大陆区域加盟咨询电话：400-616-1096
观茶天下

本案位于合肥市黄山路原学府路中环城，是文化一脉相承的主街，周围的人群层次较高，选择具有浓厚的茶文化底蕴的徽派风格来彰显本案特点，创造一番世外桃源之地，试图打破传统徽派建筑特点，让人享受一份放松、优雅的环境，细细体会徽州茶文化精髓。本案外观运用马头墙有序排列，可以增强徽文化印象，让人容易注意到这番自然的净土。

本案一楼是茶叶销售区，二楼是品茶区。进入门厅运用书架式隔断，减少外部环境对内部的影响，一楼分为前厅接待区、体验区、休闲景观区、茶叶展示区。茶叶展区中间有水井相隔开，展区有序地摆放着茶产品，展区四周循环通道，方便流动与选取。一楼景观区有古琴、书卷架、观音、假山水景，让人感受一份平静、朴素、平和、自然的空间氛围。设计师把人造天井运用在本案中，其间的假山水景，巧妙地连接一二两层楼，一楼可以看到人造天井，异常通透，采光效果好，二楼顾客可以围绕天井欣赏一楼布景，鹤与流水的造景相映成趣给人一种回归自然与纯朴的感觉。二楼饮茶区分服务区、休闲区、为厢区、书画区、卧榻去、功能齐全，以满足不同客人的需求。另外还设立冷藏储茶区，将客人所购买的茶叶储藏，方便顾客待客之需。徽派建筑讲究四水归堂，上有天井，下有水景，设计师有意将室内一二层景观相互渗透，在空间中层层相互套接，每一处好似各自独立，却又能融合成一个整体。

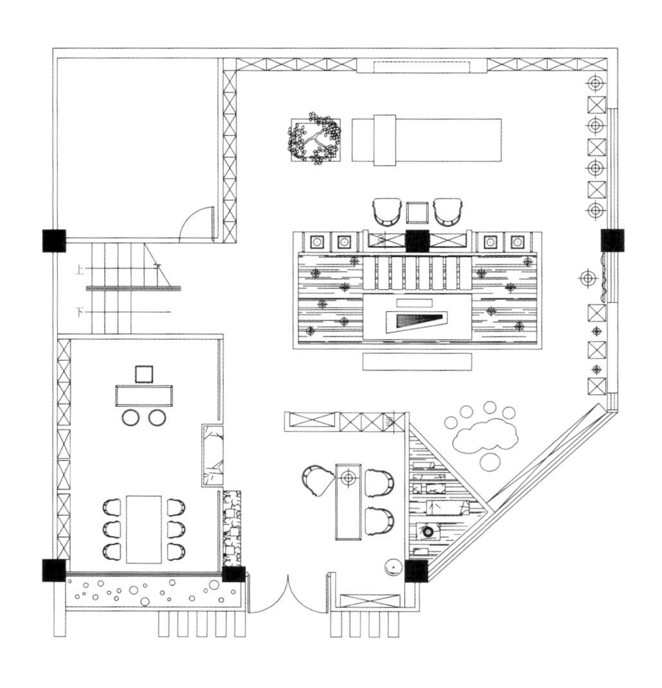

一层平面图 First floor plan

观茶天下

在色彩控制上，整个空间以稳重的暖色调，配合局部光源的处理，以亲切温馨的视觉体验让空间与人之间的关系更加紧密。很多家具运用了原色，元色系意在根本、本性、自然的特征，茶香无形的香，使品者反观自己的本性—真、尚、美。设计师在寓意唤醒茶性和人性的真理。

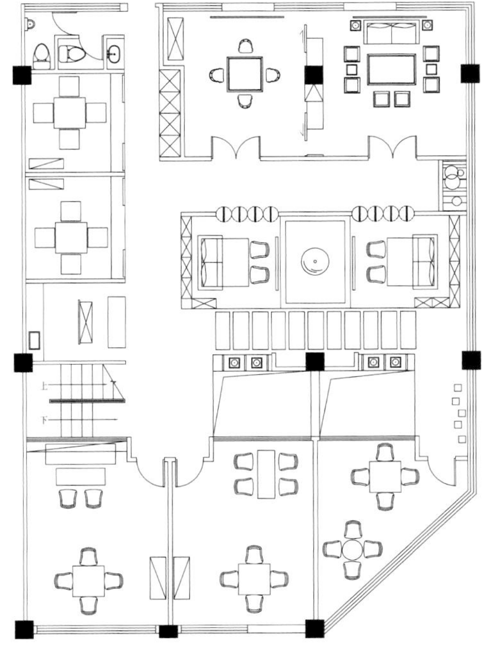

二层平面图 Second floor plan

空谷生幽兰

Away from the secular，not fame

设计单位　福州大木和石设计联合会馆　\　设计师　陈杰
项目地址　福建福州　\　项目面积　830 平方米
摄影　周跃东

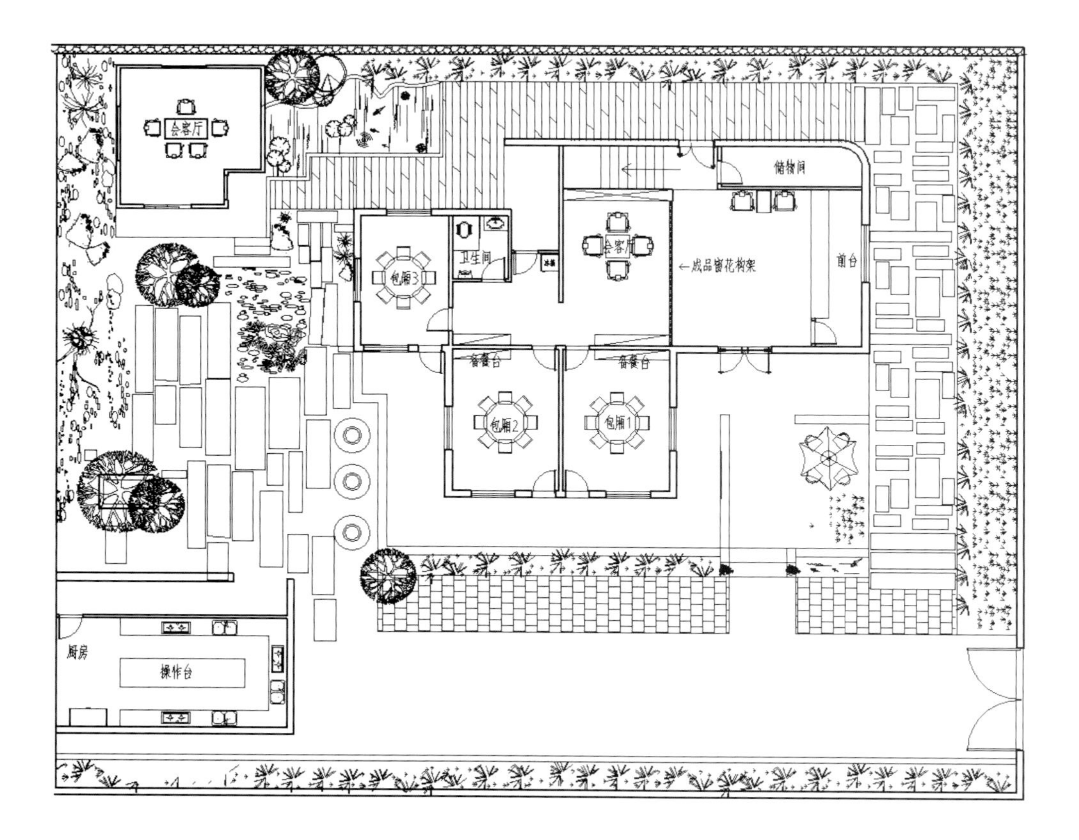

平面图 floor plan

置身于院落里，呼吸着带着有雨露泥土芳香的潮湿空气，远离了都市的喧嚣，让我们可以细细体会这里的质朴和恬静。在绿树深处，假山流水之间忽见一小屋坐落其间，屋顶上干枯的厚茅草，拉门与窗棂上别具一格的花格，屋内屋外古朴而灵动的陈设，都把我们带到了古老的意境，领略这“悠然见南山”的超然与雅致。

素食馆的室内保留了原始建筑两层小洋楼的格局，屋内主色调为白色，白色的墙、白色的门、白色的窗户、白色的屏风，一如素食带来的清新与纯净，让人忘却了都市的繁杂与欲望。在大部分墙面上没有做过多花哨的装饰，只是在每个房间里恰到好处地挂上一些书法与国画作品，使得整个环境更凸显其高雅气质。而在楼梯的墙面上，设计师独具匠心地在其上手绘了一副枯树的剪影，而后将射灯在树梢间投射出一个暖黄的圆晕，如同一轮满月挂于枯枝之间，手法之精巧、意境之曼妙，自然不言而喻。设计师将中式传统风格的元素融汇于整个空间，使得它并没有古老家具堆砌出来的沉闷腐旧之气，倒流露出惠质兰心的气质，加之周围环境的映衬，让空气中流动着雅致而不哗众取宠的朗朗气韵。

印象客家

Impressions of Hakka

设计单位　福州大木和石设计联合会馆　\　设计师　陈杰
项目地址　福建福州　\　项目面积　800 平方米
主要材料　铁板、仿古砖、石板条、卵石、防腐木　\　摄影　陈杰

印象客家
印象客
追根溯

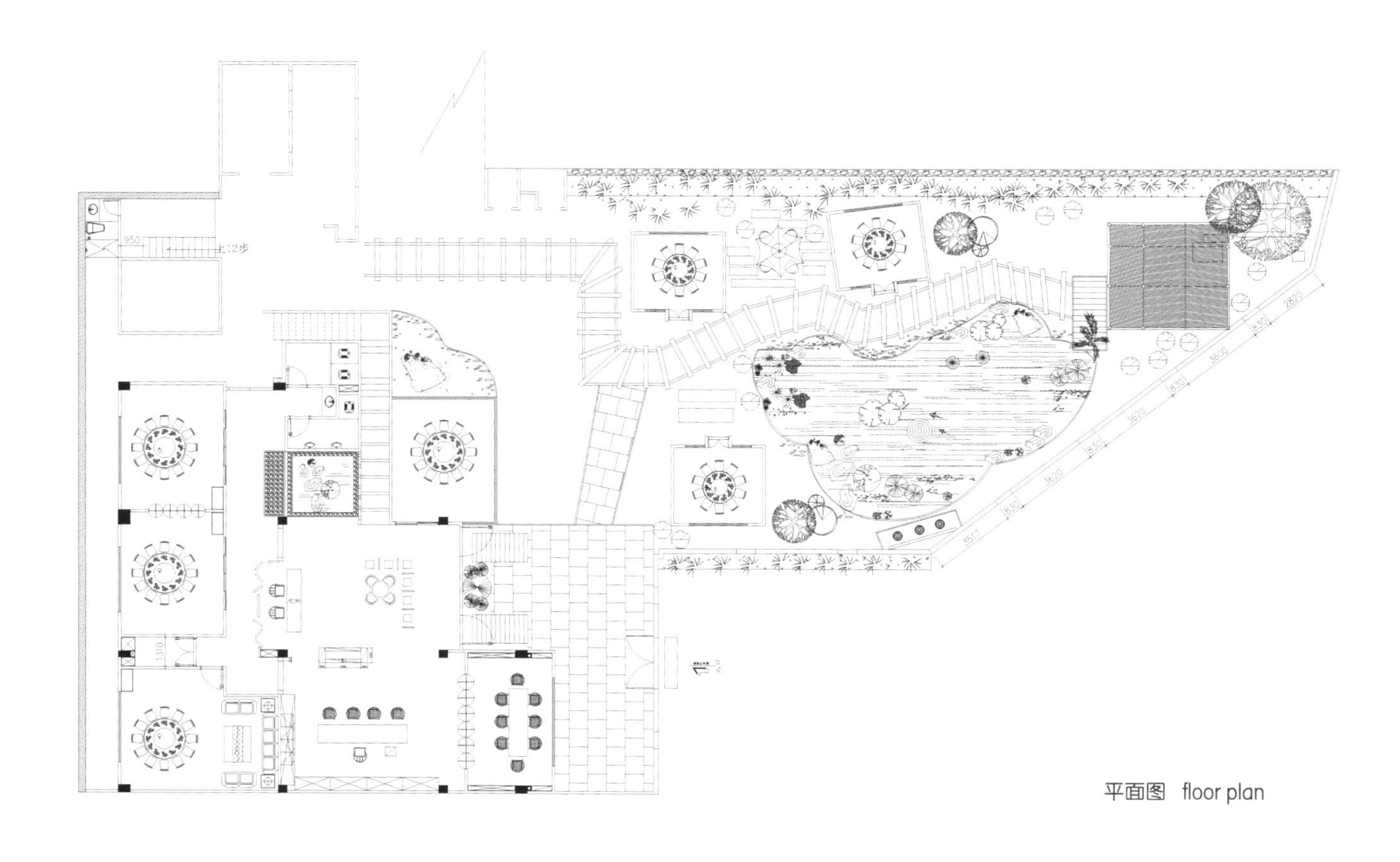

平面图 floor plan

本案的门面上方用斑驳的铁皮做装饰，粗犷的纹理显得厚实而有力量感。下方的圆窗位置，摆放着石磨与擂茶饼，墙面上的地图指示出客家族群在国内的分布情况，这些与客家文化一脉相承的物件在这古朴的空间中悠悠不尽。

尚未进入空间内部，外面的庭院景观已然吸引了我们的目光。曲径有秩的布局丰富了视觉的层次，得益于此，设计师在这个环境中设置了若干包厢。包厢置于自然的怀抱之中，食客便拥有了广阔的视野。同时，玻璃墙面使得窗外郁郁葱葱的景致成为一道天然的背景。渐渐地，这里的一草一木、一砖一瓦，不管是有生命的还是没生命的，都找到了与空间沟通共融的方式。

当我们把视线移到印象客家的主体内部空间时，一种既陌生又熟悉，既单纯又丰富的视觉感受油然而生。用铁锈色的瓷砖铺陈出的空间地面，孕育着不可或缺的气度，并加强了走道的纵深感。中式家具、器皿以及大体量的木柱，适时地分布在相应的位置，让人们在繁简交错之间找到最舒适的体验。品茶与用餐是这里的两个功能区域，虽然它们鲜明地分布在空间的不同位置，但格调的融合让人二者的过渡自然而然。沉稳的色调营造出一个幽静淡雅的环境，烙有年代印记的摆设品错落分布其中，没有了浮躁，不见了仓皇。包厢的设计遵循开放式的结构，通过一些巧妙的设计与其他区域进行有效的连接与视觉沟通。

通往二楼的楼梯旁是一个矩形的水景，陶缸、睡莲以及周边做旧的墙面，它们搭配出一派宁静诗意。这个区域通过一盏造型别致的藤灯向上贯穿至二楼，上下两个空间便有了交流的可能。在光与影的交互作用下，这个空间的体量变得清晰，并获得了形式界定。此外，光还成为一种媒介，让每个物件与其周围的环境产生了对话。水景旁的走道可以到达楼梯的位置，青石踏步的设计增强了空间的延伸性。在靠近水景的墙面上，方形的镂空设计像是一个个取景框，使得空间更具有张力。

进入二楼的区域，玄关墙上的石壁彰显着客家的文化特性。石壁两侧分别是饮茶区与就餐区，中间的隔断便是从一楼水景处延伸上来的部分。两个功能区域之间可以相互借景，而不是硬性的区分。就餐的包厢中，中式的餐椅与西式的吊灯并不冲突，反而有种浪漫的意味。墙面上的一幅廊桥图案的喷绘作品，又再次向宾客展示了客家文化的建筑形态。与此同时，画面中近大远小的透视效果，恰好为空间增强了纵深感。

天下石壁

古逸阁

Gu Yige

设计单位　福州大木和石设计联合会馆　\　设计师　陈杰
项目地址　福建福州　\　撰文　全剑清
摄影　周跃东

除了旧木饰墙，天然麻布也是空间中重要的装裱材料，素而不俗。前台区域的顶上悬挂着若干浮云状照明灯具，它们在光影的烘托下营造出和谐的律动，并实现了空间氛围的蜕变。前台区域的背后是一个包厢，古朴自然的材质在其间和谐共处着。这些物件模糊了时间的概念，然颇有一番自在的个性。在与临近功能区域的衔接上，“无像无相”是设计师追求的意境。一面灰砖砌成的墙，以方格作为透视，并点缀上烛光，让诗意在这古朴的空间中悠悠不尽，没有了浮躁，不见了仓皇。一旁的走道用青石做踏步，周边配以水景与地灯。走道的尽头是一面由石砾组成的墙，下面的石墩上放置着若干松果，寓意菩提。其上方用白色枯枝装饰，在灯光的映衬下显得张力十足。与常规的佛像布置不同，设计师在此区域以意代形，将禅意与生俱来的气质展现得自然天成。走道尽头的左侧是一个独立的品茶区，旧木、老物件依然成为这里的主角，与传统文化一脉相承的灵动也愈加风姿卓然。右侧是一个展示区，茶品、建盏、紫砂壶等物件陈列其中，它们是一种关于古朴与情境的东西，留下的是经过沉淀的生活。

人若谢物，物未必不知。以物为善而无贵贱新旧之分，这是种人生的选择，也是种设计的态度。善用旧物成为设计师解决问题的一种态度，衍生出一种新的生活方式。于是在古逸阁的空间设计中，材质之间的呼应与衬托、线条之间的交织与平衡、几何形态之间的构成与对比没有多余的一笔，不带丝毫拖沓。在这样没有喧哗的交流中，整个空间似乎变得香醇，人们的心情也就明朗了起来。

中衍会馆

Yan City Hall

设计师　黄锋

项目地址　福建厦门　\　项目面积　300 平方米

中衍会馆坐落于福建省厦门，建筑面积 300 平方米，会馆布局渗透着展厅的影子，给人以古典、静谧的享受。中衍会所分两层布局，沿着柔和现代与古典的扶梯径直而上，又是别样风景。会所橱窗中展示着品相俱佳的老版纸币，鹅卵石的陈设又增添了几分俏皮，在光与影、用色的对比中将会馆推向多元化。一壶茶一首蝶恋花，闲暇午后，与二三老友，品茗谈心，也不失为人生一大快事。

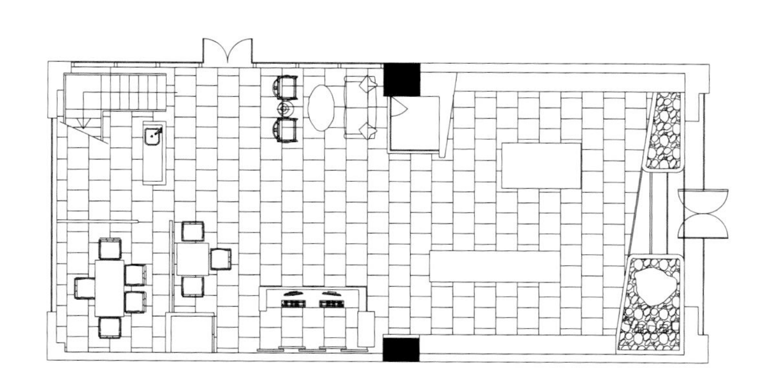

一层平面图 First floor plan

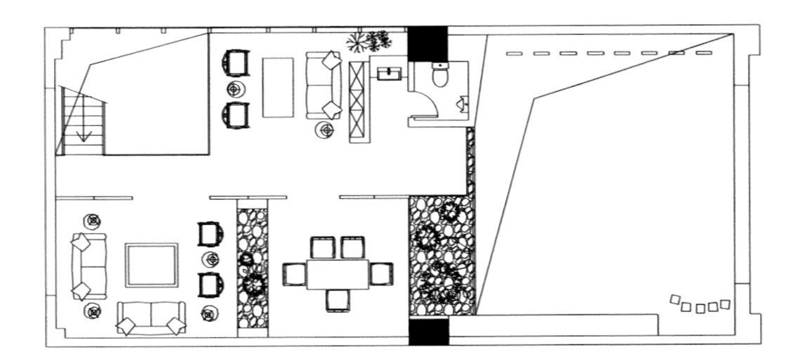

二层平面图 Second floor plan

铭濠酒店茶会所

Ming-Hao Hotel tea party

设计单位 福建品川装饰设计工程有限公司 \ 设计师 郭继
项目地址 福州市 \ 项目面积 550 平方米
主要材料 青石、白珀、黑钛、玻璃钢

本案是一个品茶会所，自然与朴素是这个空间的主打基调。然而，现代的审美倾向和主流思维已经远离了那个传统的年代，于是设计师重新解构中国文化中的代表性元素，从色彩中提炼出黑与白，从形态中提炼出方与圆，从氛围中提炼出闹与静，最终塑造出一个精神需求与物质享受相融合的意境空间。为了延展空间的视觉感受，设计师采用笔直的双线条牵引视线，用隔而不断的屏风制造视觉落点，用灰色过渡，又适当留白，将空间的静雅气质全然托出。因着茶的悠久历史和精炼文化，一切的摆设都为彰显茶的主角地位而存在，满足人们对茶的一切追求与想象。

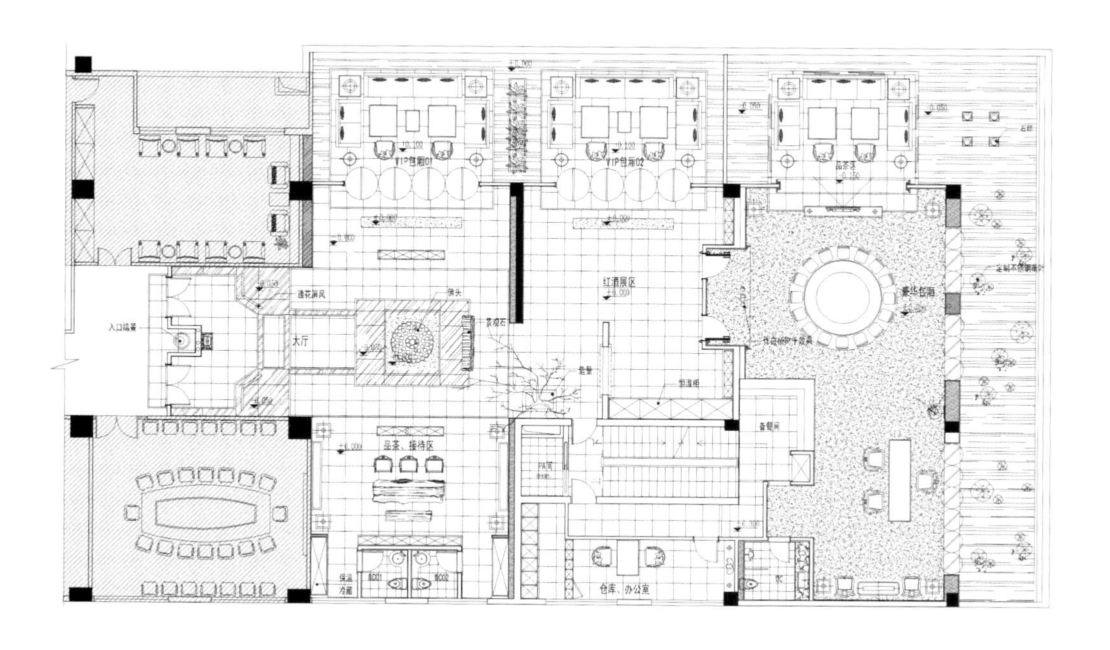

平面图 floor plan

合润天香茶馆

Yun Tian Xiang tea house

设计单位　上海倍艺设计机构　\　设计师　倍艺团队
项目地址　上海市徐汇区　\　项目面积　270 平方米
主要材料　 青砖、青瓦、水洗面中国黑、老木板　\　摄影　倍艺团队

办公室的会客厅——合润天香茶馆

时下一般商务区中，咖啡店作为配套设施存在已经非常普遍；而在上海柳州路商务集中区域，有一幢甲级写字楼里却默默地飘起了茶香——合润天香茶馆。

作为写字楼长期工作、生活的体验者，通过亲身感触以及结合市场需求，意在打造一个属于写字楼白领群开展交流活动、洽谈以及多种多样的会议等需求的场所，我们称之为“办公室的会客厅”。它既不是一个只有茶叶销售的茶店，也不是一个传统意义上的茶馆，是将两者合二为一的属于写字楼的茶馆。正是利用这种功能差异化帮助消费者拓宽选择空间，这样的功能定位打破了过于同质化市场的局限，开创了新的商机。而最初的设计是从这样几个问题开始的……

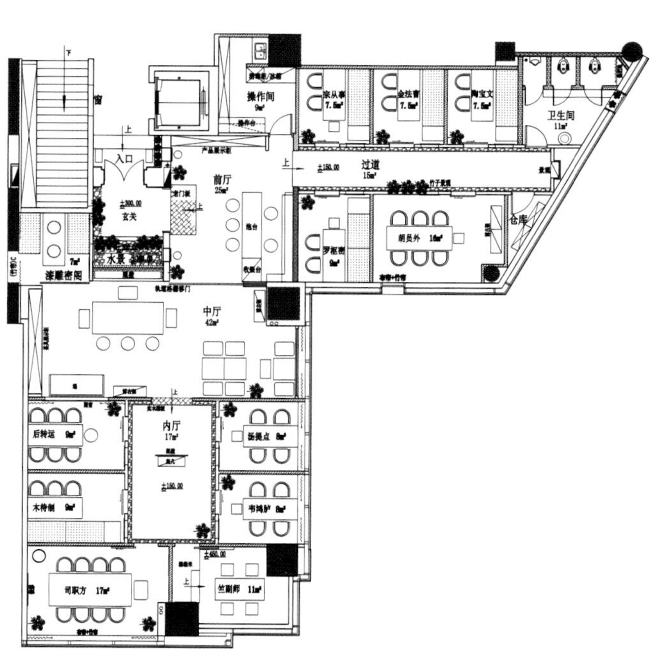

平面图 floor plan

设计师以 270 平方米的实用面积为舞台进行演绎，承中国传统布局模式，将空间有效划分为“三厅十二房”，通过由玄关—前厅—中厅—内厅—包房的空间转变，让体验者感受一种由办公空间至茶生活空间的环境转换。在合润天香茶馆我们称十二间包房为“十二先生”，典故出自于南宋审安老人的《茶具图赞》：十二先生是以十二件茶具奉以当时的官名而得，分别为：陶宝文、胡员外、金法曹、宗从事、罗枢密、漆雕密阁、汤提点、后转运、韦鸿胪、木特制、司职方、竺副师，以此表达当时对茶道文化的无上崇敬。古为今用，我们将此用于十二间包房的命名，则别具雅趣。

茶馆的空间元素上提取传统茶馆的中式符号，从材质的选择以及构成形式上进行演变简化，既保留了茶文化的中国气韵，也不失当代人审美意识。在灯光设计上，销售型茶店空间中为凸显产品，一般照度较高；而传统意义上喝茶的茶馆，为让顾客感觉到舒适雅致，则照度较低。将其二者合二为一的合润天香茶馆则需要协调销售区与品茶区的灯光照度——首先在照度选择上综合了茶店与茶馆的照度值，通过多种形式的间接照明来避免灯光对体验者不适。同时包房内提供了两种不同照度的照明模式，来满足消费者喝茶、阅读、洽谈、会议等各种需求。

抓紧每个将品牌烙印在顾客脑海中的机会，不断地传达一个强烈而完整的形象特点，将空间设计、平面设计、茶生活理念设计融为一体，打造一个拥有的鲜明个性的合润天香茶馆。

济南绍业堂

Jinan Shao Tong

设计单位 大石代设计咨询有限公司 \ 设计师 张迎军
项目地址 山东济南 \ 项目面积 200 平方米
主要材料 缅甸花梨木、白涂料、灰石材、抬梁式老屋架 \ 摄影 邢振涛

紹業堂

绍业堂位于山东省济南市，是以经营陈年普洱茶、名家紫砂壶、回流日本铁壶为主的专业茶会所，也是大石代设计咨询有限公司“文化传承系列”主题的另一新作。

会所环境文气素雅，在这里品茶不仅能欣赏到名家的书画墨宝，还可挥毫泼墨，是雅集、闲谈、社交的理想去处。业主夫妇是两位茶行履历颇深的收藏家，有独到的茶主张，经过与大石代设计团队的多番深入交流和沟通，最终确定了设计主题：百年茶塾——绍业堂，以百年书香门第的徽派老宅装载百年的老壶和普洱茶的陈韵。

“绍业堂”门匾源自光绪年间清廷名臣洪钧之手，寓意为“绍承先志业，和睦泽堂长”。由此为基点，借鉴洪钧祖宅的格局以徽派建筑抬梁式屋架为载体，烘托出一座具有书香韵味的别样茶塾。茶楼采用徽派砖雕的门楼，门两侧配楹联及石墩，门前栽有绿植和桂花树，精雕朴琢、古韵雅美。整体呈现为三进两院的格局，外院置景，内院为茶及茶具的展厅，短廊将两院连接。内院一方通往业主夫妇的私人茶室，另一方则是为客人设置的茶会。两方茶室均列有名人书画、名家收藏，并置以红酸枝明式家具，增添空间的典雅气质，彰显主人的品味。

绍业堂集品茗、茶会、笔会、琴会、休闲商务、名人雅集等为一体，是各界名流名仕闲来雅聚的好去处。

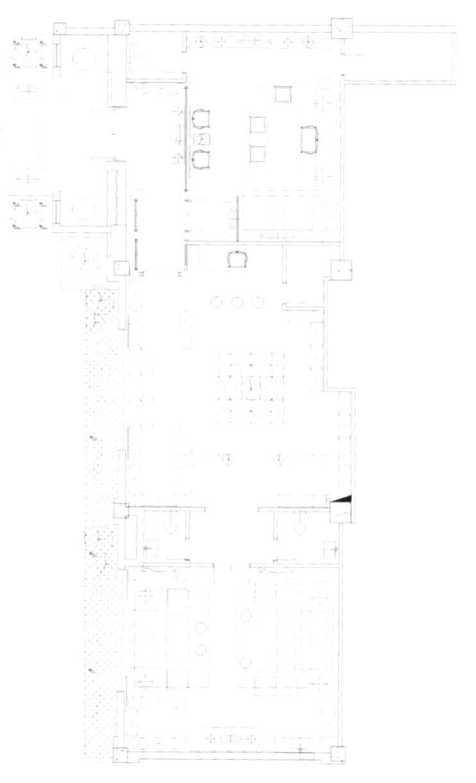

平面图 floor plan

紹業堂

松濤烹雪醒詩夢

南池茶舍位于山东省济宁市，是以经营花茶、陈年普洱茶、仿汝窑茶器养生餐为主的茶文化会所，是大石代设计咨询有限公司“文化传承系列”专题的项目之一。

业主希望通过南池茶舍的平台加强与商界好友的交流和沟通又希望设计上体现中国古典文化，经过团队与业主的多番交流和沟通，南池茶舍最终确定主题为“生活中的禅茶印象”，以生活见自然，以国画、书法及新明式家具呈现“禅茶一味”，体现现代人的生活品性，体现现代人平凡生活中的快乐、自在、放松的环境，营造小而悠闲的茶舍。

“南池”取自诗人李郢：“日出两杆鱼正食，一家欢笑在南池”一句，描写了一家人在南池钓鱼的欢悦场面。“茶舍分两层，一层为茶及茶器的卖场，二层分为茶友区和茶友沙龙区，三个区域相互递进又互有补充。

茗古园·金丝楠木汇馆

Chinese ancient garden · Phoebe Hui gold Museum

设计单位 福州大木和石设计事务所 \ 设计师 陈杰
项目地址 福建 \ 摄影 周跃东

古朴的空间不仅是视觉的体验，更是一种发至内心的愉悦。茗古园．金丝楠木汇馆便是这样一个场所，空间中的家具以及陈设都是灵感的汇合，它们以典雅的色彩和线条诠释着中国传统文化的精髓，并以清茶般的苦后回甘来表达自身的韵味。进入其中，我们仿佛走入另一重境界，身心不自觉地便摇曳在艺术与文明的氤氲情境之中。

茗古园。金丝楠木汇馆位于汉唐文化城对面的小巷子里，主营金丝楠木家具，并提供定制化服务以及茶席的软装配置，在这个略显衰败的街道里，茗古园的店面显得格外的清幽典雅。夜幕时分，店面上方的浮云图案泛着光泽，散发着一种若即若离的气息。汇馆的外立面用透明的玻璃材质，让内部空间的景致成为一张鲜明的视觉名片，那怕是瞬间的吸引，这种感知都被记忆在人们的生活影集里。

汇馆的门以园洞的形式存在，内外的视觉衔接让空间拥有了十足的亲和力，并潜移默化地将传统意味铺成开来。进门后的玄关墙以各式中式建筑构件作为装饰，这些物件模糊了时间的概念，却颇有一番自在的个性，这些物件有着各自不同的纹理质感，层层叠叠的组合丰富了墙面的层次，带来了微妙又似曾相识的体验。

走道的右侧是汇馆的主题空间，上方的装饰延续着老建筑楼梯构件的装饰，向下的结构倾向使得人们的视觉焦点自然而然地落到区域中的金丝楠木家具上。这个空间展示以金丝楠木新料为主制作的家具，这些家具的设计在经历几千年文化洗礼之后，至今仍是风姿卓越。它的存在，诠释着一种风情。代表了一种文明。这个空间的背后设置了一个书房家具的战士间，以金丝楠老料为主。房内的每一件家具器皿就像老朋友一样，用不着语言过多地渲染，便能用其姿态向我们诉说其存在的缘由。因而当置身其中时，就如同倾听着一出精彩的故事，让我们彼此更接近真实，与之毗邻的房间，除了金丝楠木家具外，还陈列了其他属性的收藏品，这些新奇的收藏，都与主人有着这样或那样的缘分。

在茗古园。金丝楠木汇馆里或走或停，人们的思绪不会出现断层，因为材质与情调在这里融为一体。设计师用淡定从容的细节主张，放大成传统生活的一个缩影，看似从感官上的喧嚣中回到朴实无华，实则拉开一幕精彩的篇章。

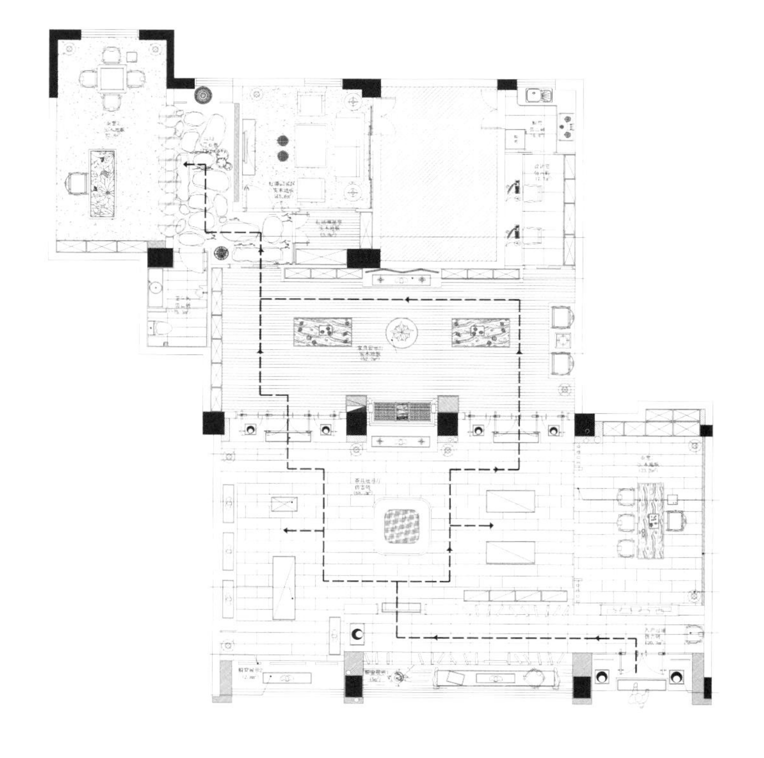

平面图 floor plan

茶·汇

Tea · Meeting

设计单位　赵益平设计师事务所　\　设计师　赵益平

项目面积　1500 平方米

主要材料　木饰面、青麻石、墙绘、表纸工艺

熹茗茶叶会所

Xi Ming Tea Club

设计单位　福州北岸设计有限公司　\　设计师　王家飞
项目地址　福建福州　\　项目面积　800 平方米
主要材料　楼兰仿古木地板、硅藻泥、青石　\　摄影　周跃东

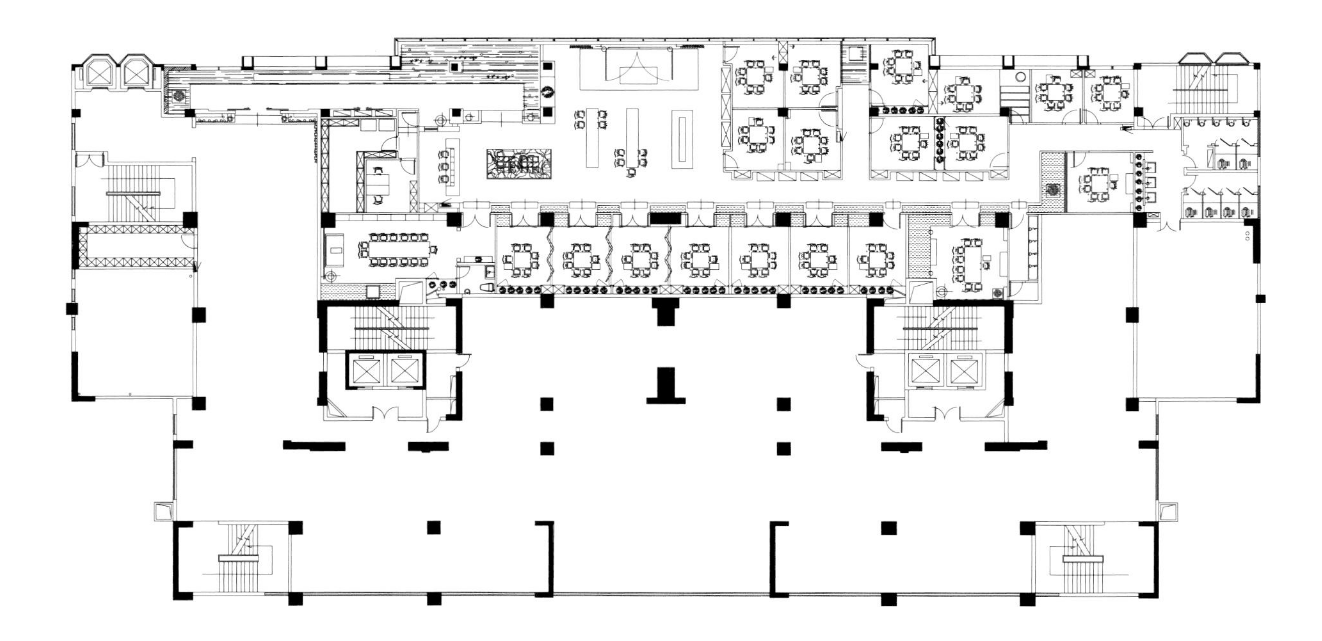

平面图 floor plan

本空间为一处高端茶叶会所。设计师以江南小镇作为设计的灵感来源，以室内剧的艺术手法，融合现代的美学价值来诉说这个小镇的故事。窄小的街巷、昏暗的路灯以及小桥流水人家，小镇的生活气息扑面而来。同时，设计师借助这样的意境表达了对中国传统文化的尊重与敬仰。

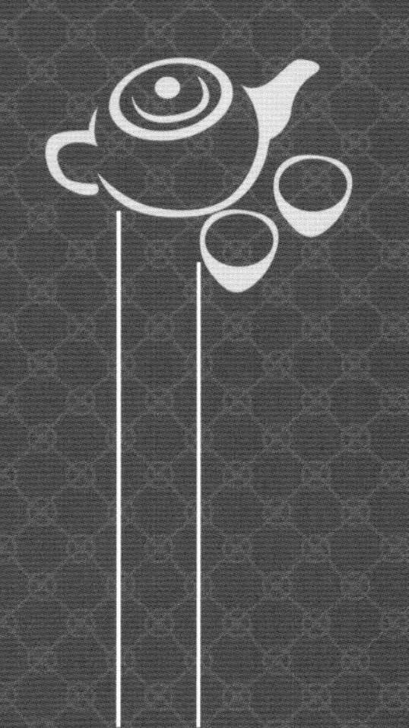

荣轩茶社

Rong Xuan Teahouse

设计单位　杭州大相艺术设计有限公司　\　设计师　蒋建宇　\　参与设计　李水、楼婷婷、郑小华、董元军、胡金俊

项目地址　浙江台州　\　项目面积　860 平方米

主要材料　青石板、木花格、珍珠黑花岗岩、木地板、柚木饰面　\　摄影　贾方

一层平面图 First floor plan

地处台州临海市灵湖公园内，环境清雅宜人。近市区而不喧闹，极具茶禅味之意境。投资人为当地著名张姓美食家，其人品位超绝，行事风格独树一帜。因其好结朋友，圈子广阔，此茶社最初出发点仅在于招待一些兴致相投的喜茶禅之朋友。所以在设计中并无太多商业诉求，力求空间做到心静、远离尘嚣，力图创造一个心灵的净土。设计方在尽可能摒弃元素化的同时，尽量减少人工材料的使用，尽可能做到无设计痕迹，并能达到意境上的高远。

本项目在设计中尝试空间特质的全方位体验，通过视觉、听觉、嗅觉、味觉、触觉的综合达到意念上的美妙感观。

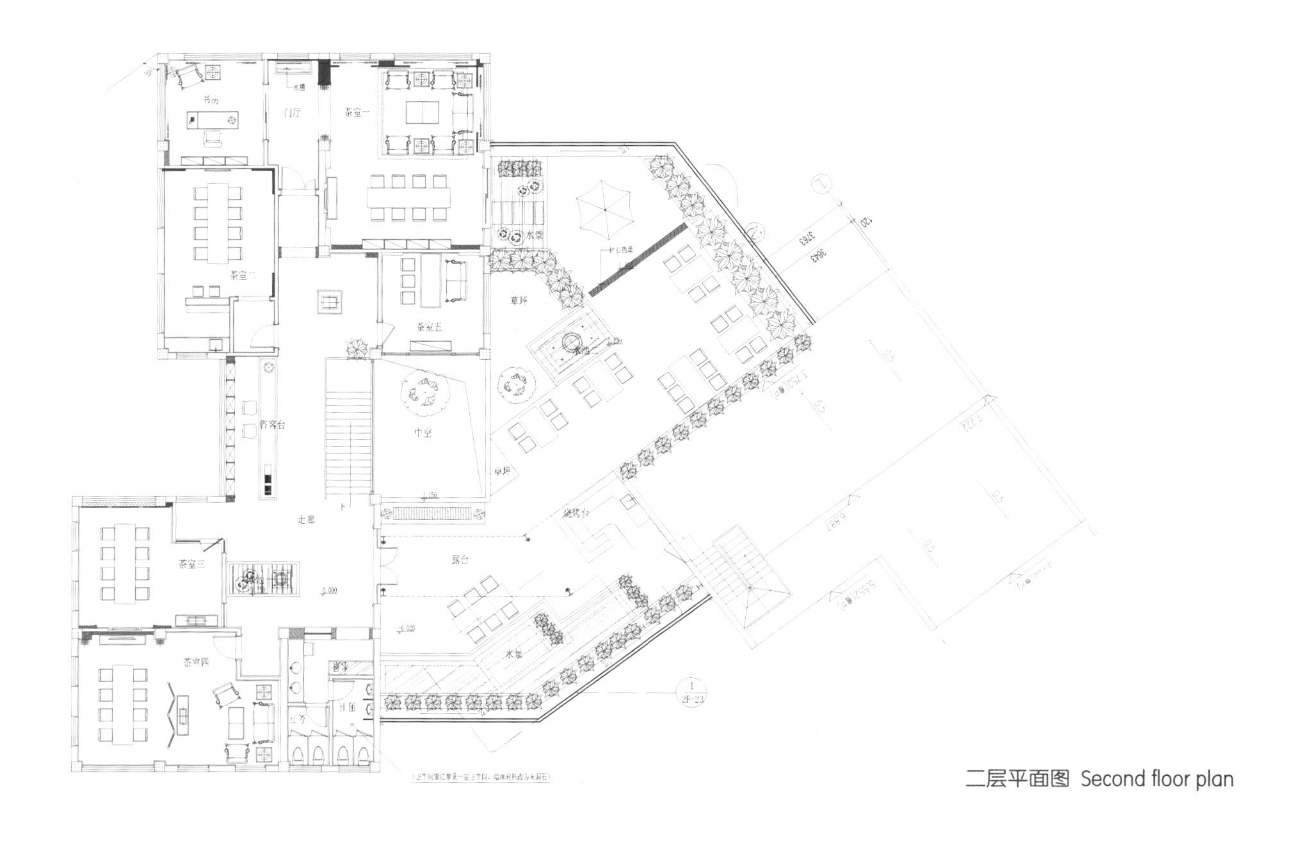

二层平面图 Second floor plan

沁心轩

Refreshing

设计单位　福州中和设计事务所　\　设计师　陈锐锋、范敏强
项目地址　福建福州　\　项目面积　99 平方米
主要材料　水泥板、瓦片、茶叶盒、灰镜

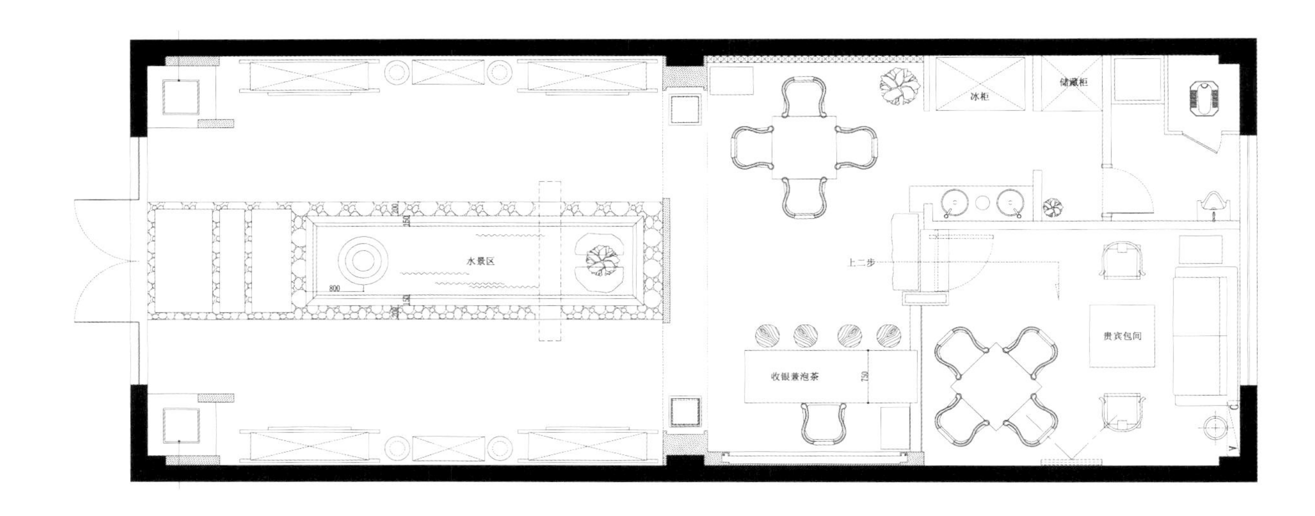

平面图 floor plan

本案是一个面积不大的茶叶小会所，自然与朴素是这个空间的重要标准，然而今天的审美和主流思维已经远离了那个传统的年代。于是设计师重新解构了中国文化中代表性元素，从色彩中提炼出黑与白，从形态中提炼出方与圆，从氛围提炼出闹与静，最终塑造出一个精神需求与物质享受相融合的意境空间。

周和茗茶

Zhou And Tea

设计单位　DCV 空间设计事务所　\　设计师　王永
项目地址　陕西渭南　\　项目面积　1000 平方米
主要材料　黑色石材、灰镜、灰木纹砖、黑色文化石、钨钢、不锈钢、钢化玻璃、壁纸、600*600 灰色仿古地砖、300*600 灰色仿古地砖、艺术挂画、水曲柳做旧处理饰面护墙、乳胶漆　\
摄影　张小明

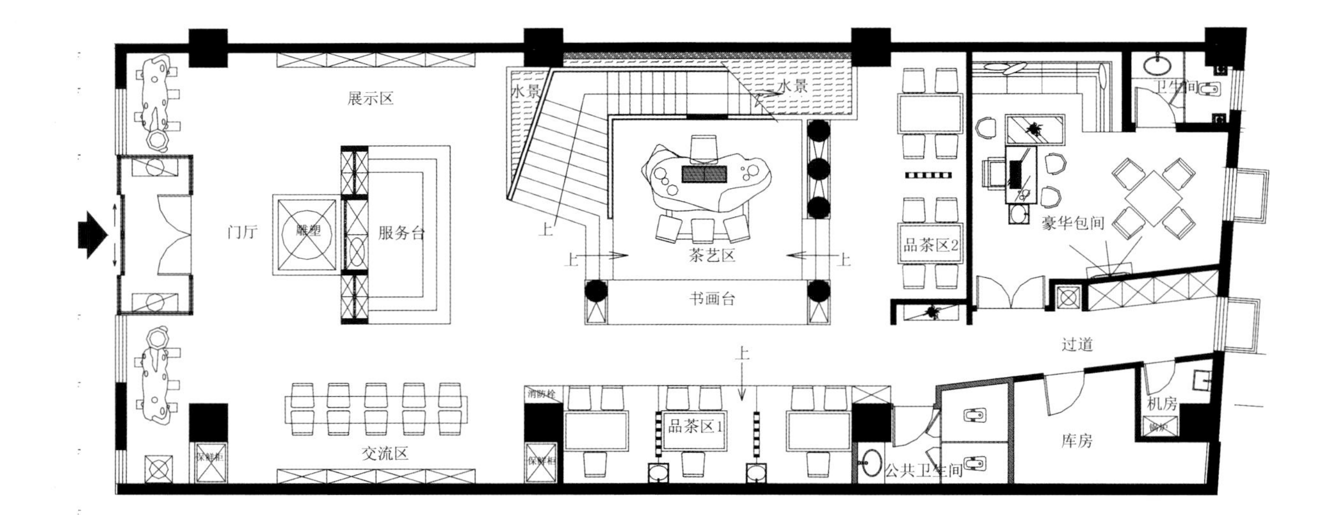

一层平面图 First floor plan

门厅的茶壶水景引领人们进入了一个充满古风茶韵的诗意空间，开敞区域错缝铺贴的灰色仿古地砖给整个茶餐厅奠定了雅致、宁静的感受，做旧的实木家具更让空间多了一份厚重的中国茶文化沉淀，茶艺区是一楼整个空间的点睛之处，它背倚精致的楼梯水景幕墙，左邻散座区的蝴蝶灯装饰墙，右接灯光璀璨的前台服务区，面对的是精心挑选的八幅装饰挂画。散座区呈“L”形围绕茶艺区设置，让每个角度都能欣赏到茶艺表演，同时又增加了入座率，顺着装有软管灯的钢化玻璃楼梯拾级而上便来到了二楼休闲品茶区，四个简约而不失中国韵味的鸟笼灯与陶艺镂花装饰水缸活跃了整个空间，二楼主要接待团体跟VIP客人，雅致的包间茶味十足，通顶的水曲柳做旧护墙大气而朴素。整个空间色彩含蓄，是中国传统文化的充分体现，装饰灯具的选用也是本次设计的一大亮点，有伞灯、莲花灯、鹤灯、蝴蝶灯，鸟笼灯，球形灯等，不同的色调相映成辉，配以各种洋溢着中国传统韵味的装饰挂画更让空间充满了诗情画意，不管是雨后的早晨还是下雪的午后，推门进入的总是一个充满中国茶文化气息的完美空间……

大悲咒

CCTV
15:48

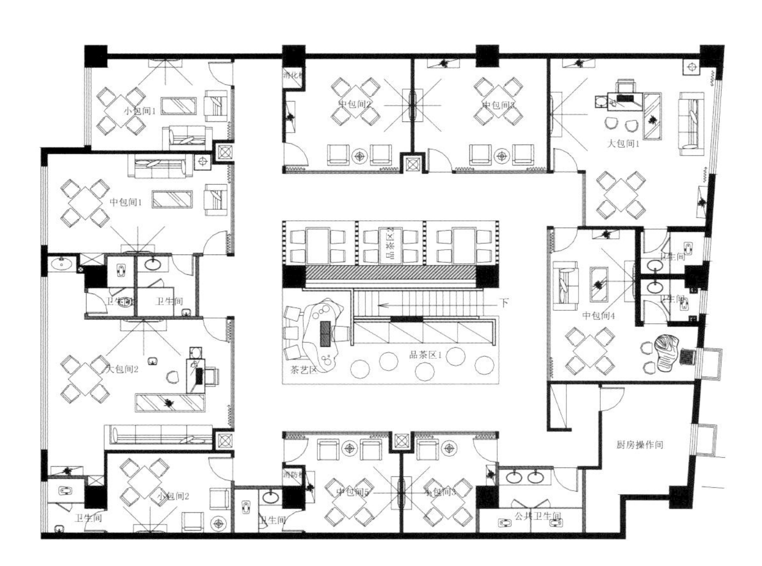

二层平面图 Second floor plan

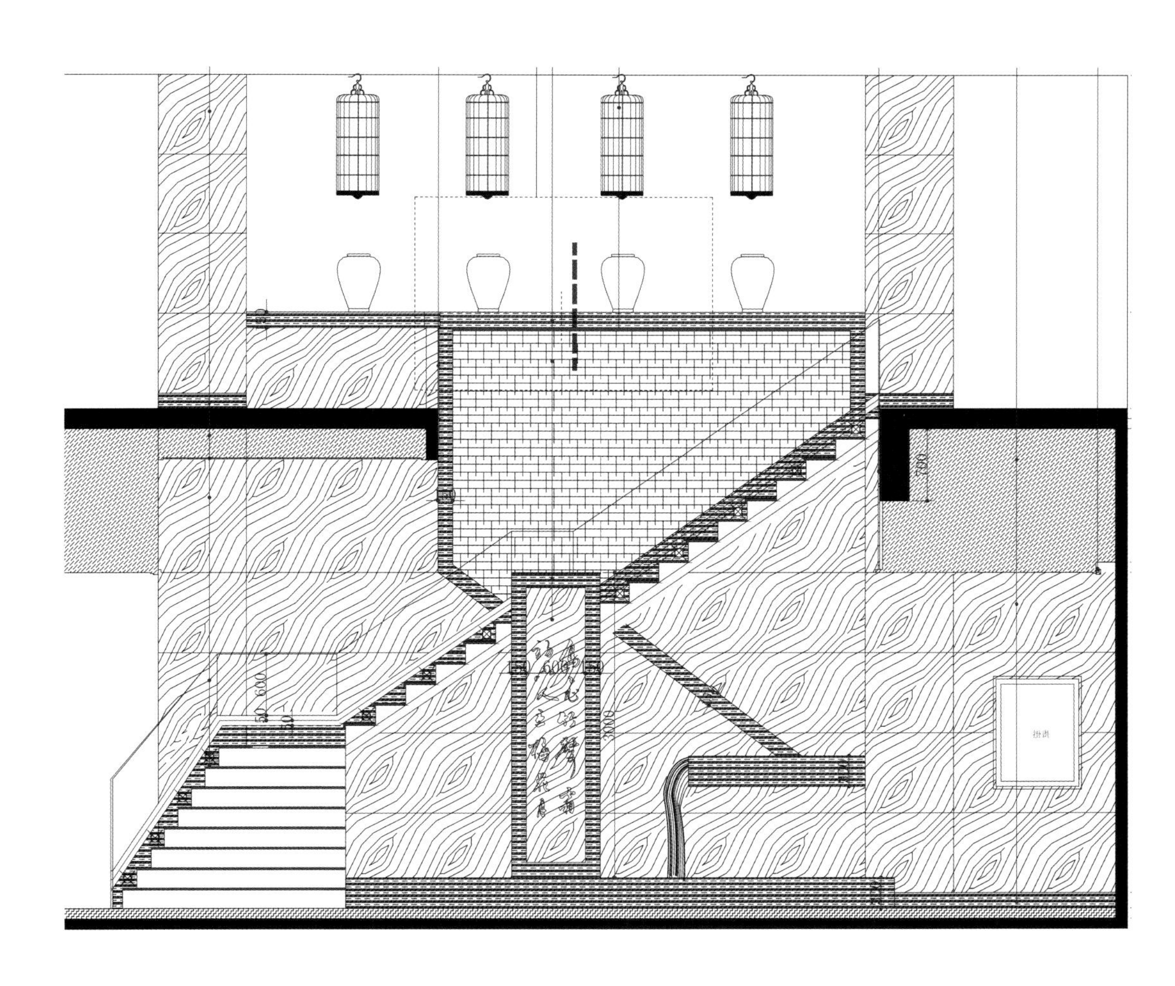

梦江南

Dream South

设计单位　福州北岸室内设计有限公司　\　设计师　王家飞　\　参与设计　陈子贵
项目地址　福建福州　\　项目面积　500 平方米
主要材料　仿古砖、蒙托漆　\　摄影　周跃东

茗
熹
袍

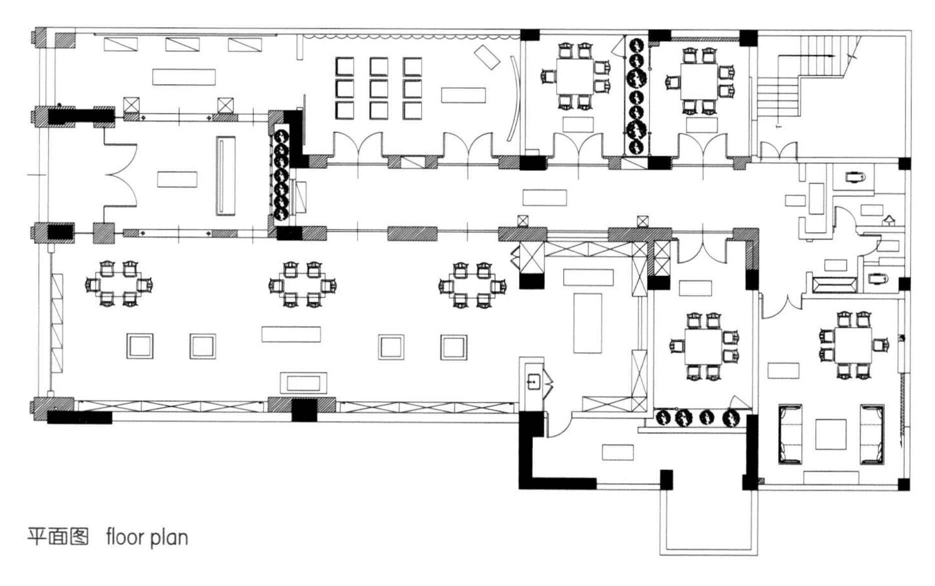

平面图　floor plan

本空间为一处茶文化展示厅。注重发掘中式传统文化精髓，体现江南建筑及自然风貌和儒家茶道精神。运用现代的装饰手法，体现内在的文化。

本案在功能布局上，以江南建筑作为区域划分的依据。江南园林建筑语言、竹林、中式活字印刷等元素充满其中，使空间产生无尽的意境。以黑、白、灰作为主要的空间色彩，反映出中式的沉稳与大气。间或的红色，使空间呈现高低起伏的曲线美，恰似一篇江南悠悠的乐章，并将旋律流淌出的意境推向极致。

长沙蘭庭茶会

Chang Sha Lanting Tea Club

设计单位　建森设计工作室　\　设计师　何敏、李杰
项目地址　湖南长沙　\　项目面积　100 平方米
主要材料　原木、仿古砖、玻璃、墙纸　\　摄影　许昊皓

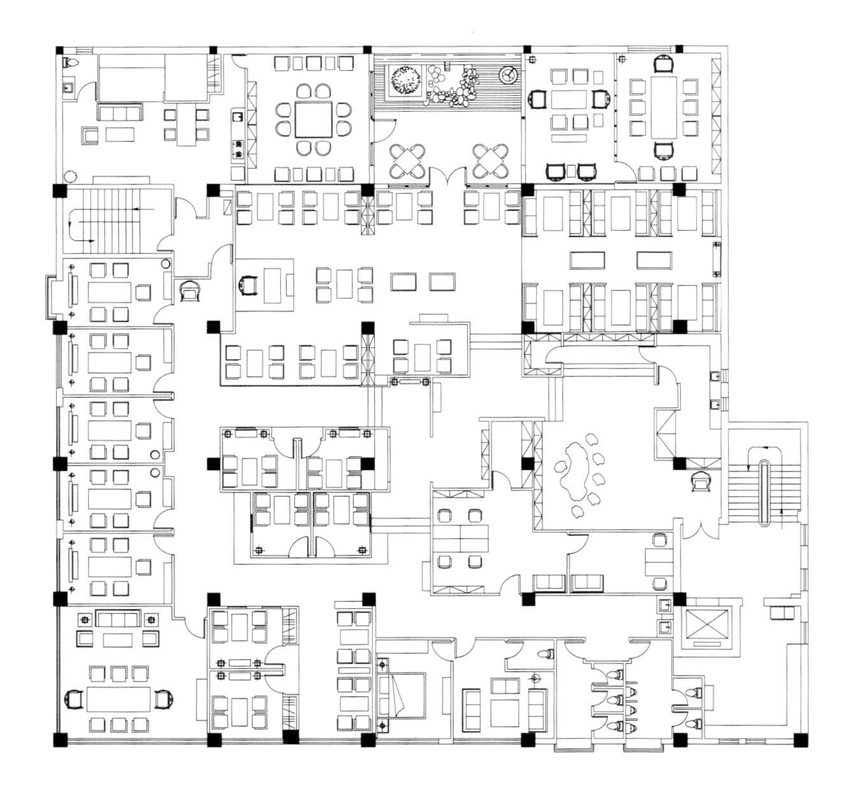

平面图 floor plan

映入眼帘的前清古石狮让人充满神秘遐想。满柜的紫砂壶让人立刻止步，来细细品味中国千年的茶道文化。尽头中央的大幅中国写意画使人充满浪漫与激情。安静私密，让情侣立刻想进入话窃窃情语。一片水幕和灰墙与前面的桂花树浑然天成，让人在空中楼阁中仿佛来到世外桃源，感受到大自然之和暖与宁静。整屋的原木木香扑面而来、让人无产生不贴近自然之感，回味无穷。苏州园林与日式元素相结合，借鉴中国古典造园手法却又不失现代风格。

古典的中式花梨木皇家宫廷椅使整个会所立显高贵气质。运用中式古典建筑中承、抬、托的手法设计的书柜独具古典与现代之美。随处可见的古佛像和古字画又使整个场所赋予禅意，仿佛来到庙宇大殿，让人立刻能得到心灵的洗涤。深栗色的木纹加之清香的原木色，高贵而不失亲和，让人流连忘返。通过灵动的走廊穿插，使得不同的区域空间起伏变化，各功能区沿窗而设，充分利用室外景观与自然采光对空间进行分割与联系。颇有“镜中风景入画屏之意境”矣。

蘭庭茶會

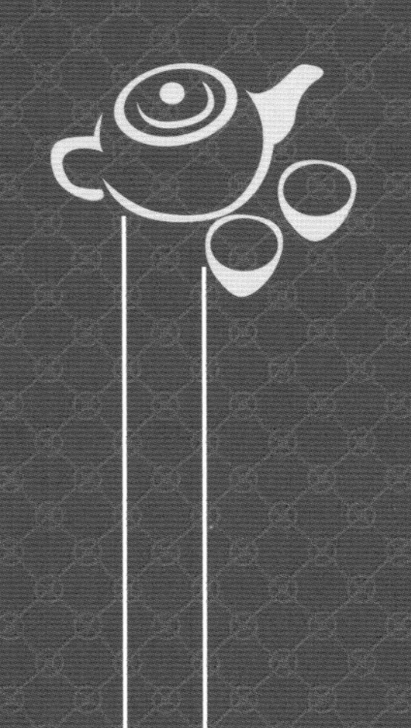

陆子韵茶会所

Lu Ziyun Tea Club

设计单位　福州多维装饰工程设计有限公司　\　设计师　林洲

参与设计　马张键、许杨、卢许昌

项目地址　福建福州　\　项目面积　800 平方米

主要材料　陶板砖、仿青砖条形墙砖、锈石石皮、黑白根大理石、金茶镜、文化石片岩、胶板、青花瓷、水曲柳面板棕色　\　摄影　周跃东

会所的环境，和茶一样，清淡、朴素，整体设计风格以后现代中国风呈现，功能区域分为：一、前厅，二、品茗区，三、包厢区；前厅区背景为陶板砖，以深咖色平木线分割，收银台以锈石石皮和银色波纹板组合，是自然材料和平实手法的运用，满足了宾客的视觉和精神享受，后区书画，古筝区抬升地坪，形成抬高区，上置古筝中式家具，四周以黑色云石围边，内水体、叠水涌墙、木栈道桥、烤漆玻璃山体轮廓造型，以LED灯带为分层，茶经诗句、演绎出“曲水流觞”的高雅情趣，抛其简单形似，追求内在神似。

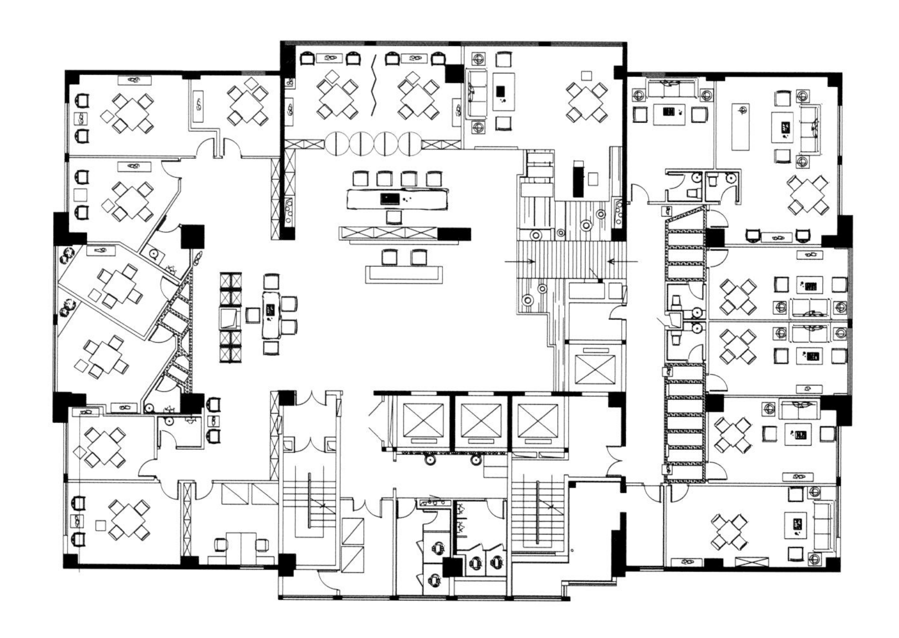

平面图 floor plan

肆象

大音希聲

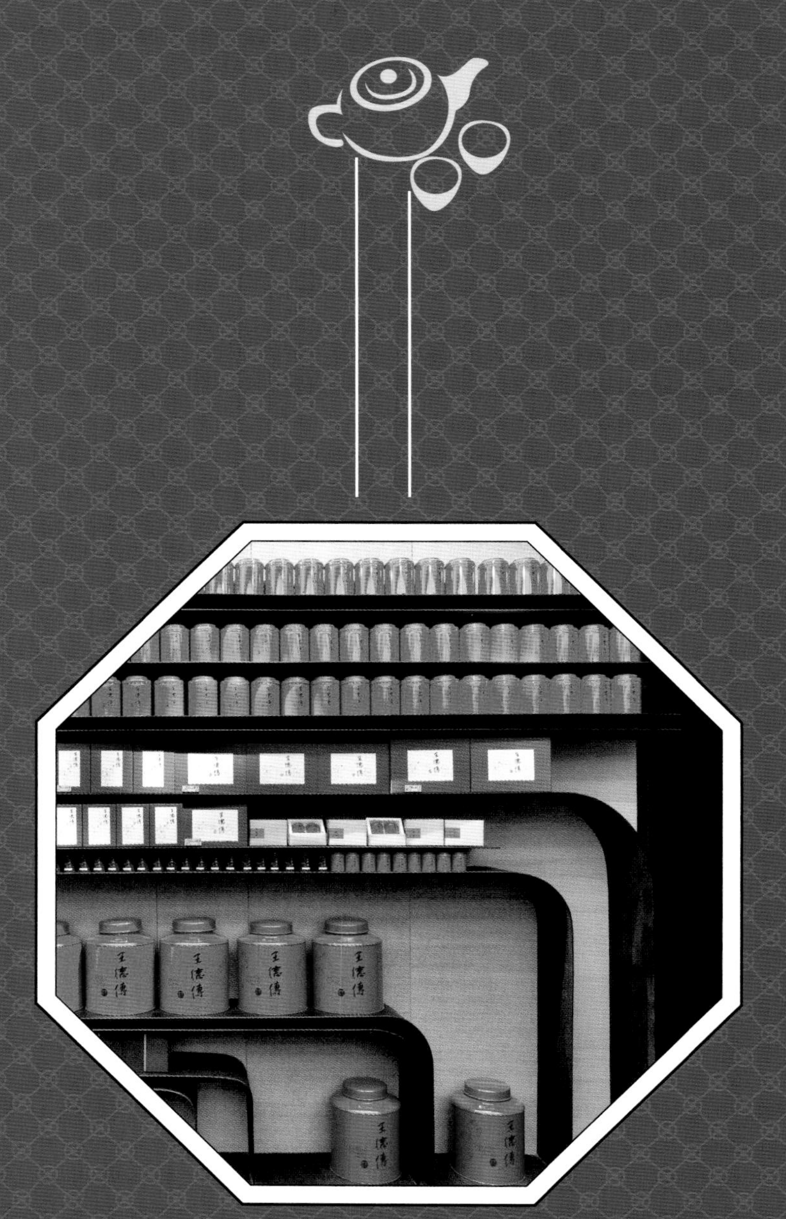

王德传新天地

Wang De Chuan Xin Tian Di

设计单位　玛黑设计　\　设计师　朱晏庆

项目地址　上海新天地　\　项目面积　60 平方米

主要材料　3form 黑铁、镀钛板、壁纸、深色大理石　\　摄影　汤马克

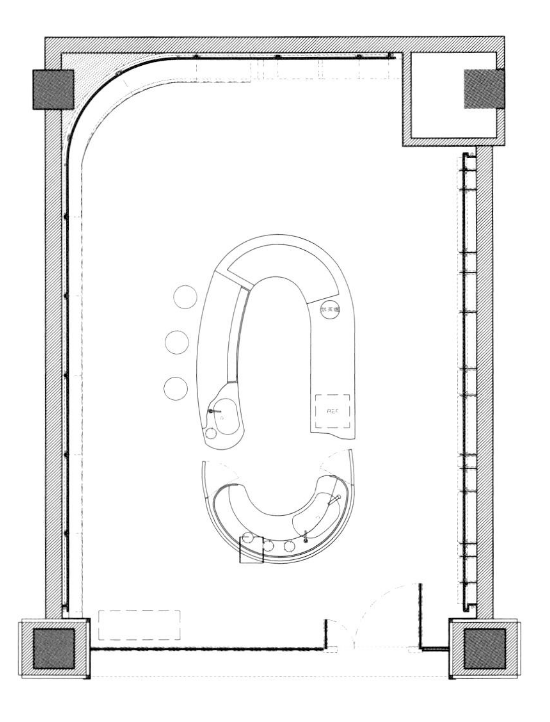

平面图 floor plan

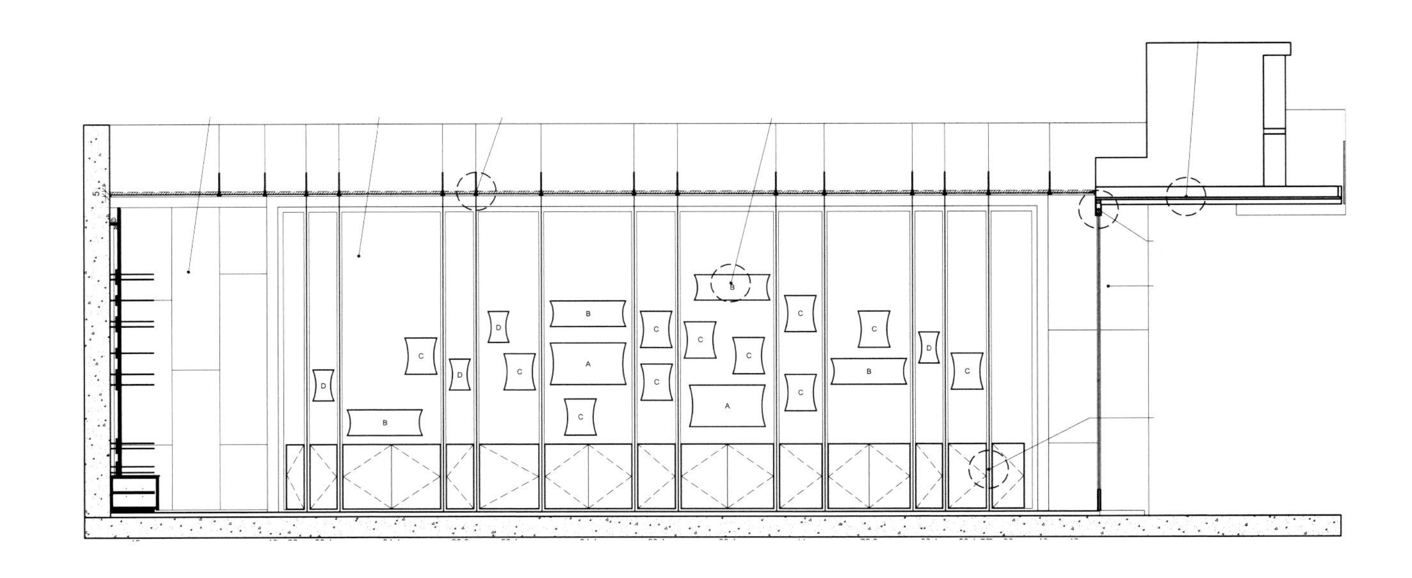

新天地王德传茶庄所传达的是一种综观的整体美感和氛围，将传统茶庄的尺度抽离，利用虚实变换的布局，精妙细腻的笔触，呈现主客观对反的空间意涵，也传达东方品茗深沉内敛的文化素质。

一反传统茶庄的印象，在有限的空间内将泡茶台、服务台、结帐柜台及品茶桌集中在空间的中心，以自由的曲线配置让泡茶与茶台成为茶庄的重心，茶台两侧的出入动线方便服务人员进出，四周展示陈列墙面则提供顾客放慢节奏仔细选购，陈列墙基座部分另作为仓储空间使用。

黑铁展示架、泡茶台与实木品茶桌、实木展示座、手打石材效果的地面材质及服务柜台——外观从不同的视角及材料细节呼应制茶过程的手作特质与细腻执着。

错落有致的展示铁盒分布在天然草纤编织的背墙上，背后衬以茶叶颜色的压克力透光板，展现陈列品的质地。同样以黑铁分隔为不同区块，并延伸到光影变幻的夹丝透光天花线条。

铁做层板悬浮于同样是天然草纤的背墙上，运用各式不同物件的区块陈列与草纤明暗层次形成动态的视觉张力，透过泡茶台铁茶壶沸腾的水蒸气延伸到无边界的茶品展示和品茗氛围中。

人、事件、物品和展示相互融合而成为整体。空间的布局由内而外将品茗的意涵切入空间设计的范畴，并赋予茶庄另一个崭新的品牌形象。

王德傳
王德傳

一湖会所

Lake Club

设计单位 福州子辰装饰设计工程有限公司 \ 设计师 周少瑜

项目地址 浙江宁波 \ 项目面积 380 平方米

主要材料 青砖、木板、墙纸、地板、方管、玻璃 \ 摄影 唐辉

茶， 中国的。 茶文化，历史悠久的。

本会所平面方案设计引用了中式建筑中的“回”及“井”字构成，采用中轴线对称的布局，利用了中国传统的青花瓷元素来贯穿，色彩上采用了中国传统的青、白、灰来表现。会所功能上融人了茶、瓷、石、字画、根雕、古玩等艺术品的品鉴及销售功能，也结合了休闲、会谈、会议等商务功能，力求营造个有东方文化底蕴的、时尚的商务文化会所。茶，中国的。茶文化，历史悠久的。本会所平面方案设计引用了中式建筑中的“回”及“井”字构成，利用了中国传统的青花瓷元素来贯穿，色彩上采用了中国传统的青、白、灰来表现。会所功能上融人了茶、瓷、石、字画、根雕、古玩等艺术品的品鉴及销售功能，也结合了休闲、会谈、会议等商务功能，力求营造个有东方文化底蕴的、时尚的商务文化会所。

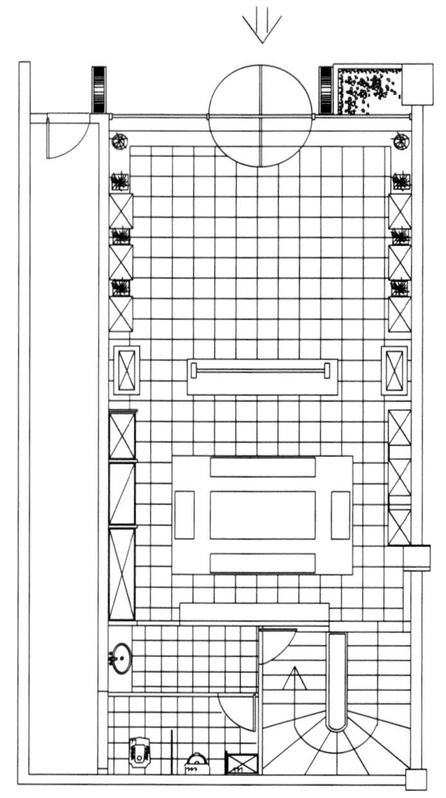

一层平面图 First floor plan

一湖茗茶

碧翠茶庄

Patrice Tea Store

设计单位　香港斯韦普设计成都公司　\　设计师　杨洋　\　参与设计　杜熙
项目地址　四川成都　\　项目面积　1200 平方米
主要材料　毛石、青砖、彩绘、竹子、老窗毛石、青砖、彩绘、竹子、老窗　\　摄影　余雷

中国的茶道精神，追求的是一种境界，讲究的是境清。茶道活动的的环境必选清幽、清洁、清雅之所，或松间石上、泉侧溪畔，或清风丽日、竹茂林幽。本案青灰色的装饰基调，古色古香的中式家具，流水潺潺的室内景观，韵味十足的老照片，处处满溢着中国古典装饰的风韵气息。

古朴的桌椅、木质的屏风、古老的字画，一桩桩、一件件都在诉说着历史的情境。进入茶吧，空间内满是中式传统的元素，带着神秘的色彩。设计师强调室内光的效果，营造古朴高雅的空间气氛，尽显浓厚的茶文化。红黑色彩的主应用，则让整个空间更加含蓄、神秘，从而突出亮点，增强空间的艺术感染力。大量使用粗材细做的手法，突出了材料内在的质感和神韵。而简单粗犷的材质，通过全新的手法和工艺处理，结合光的运用，营造了一种空灵和贵气。

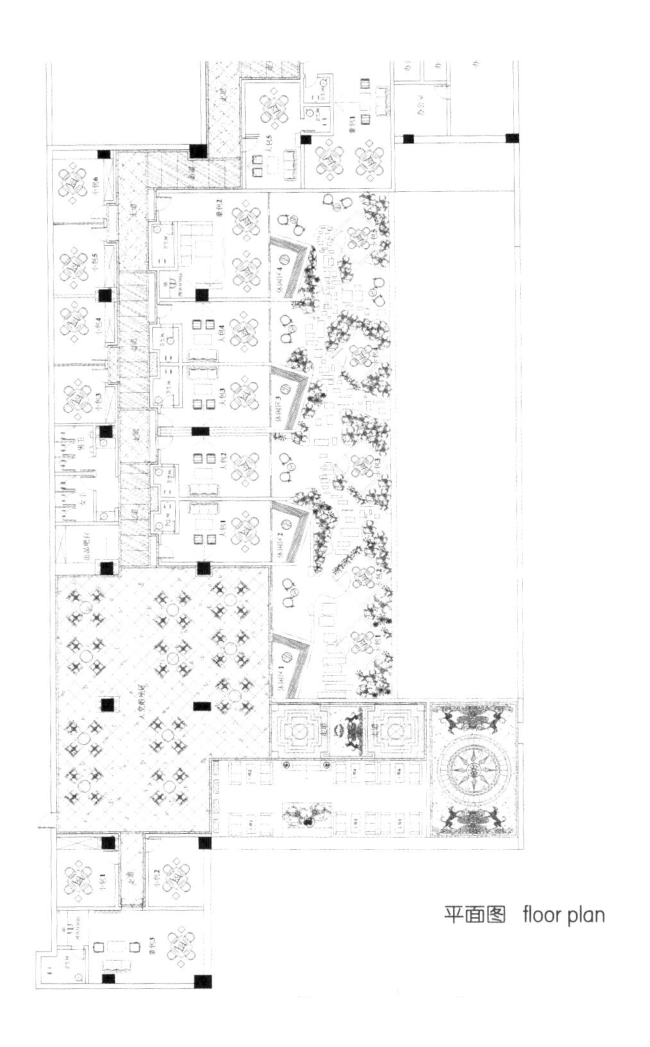

平面图 floor plan

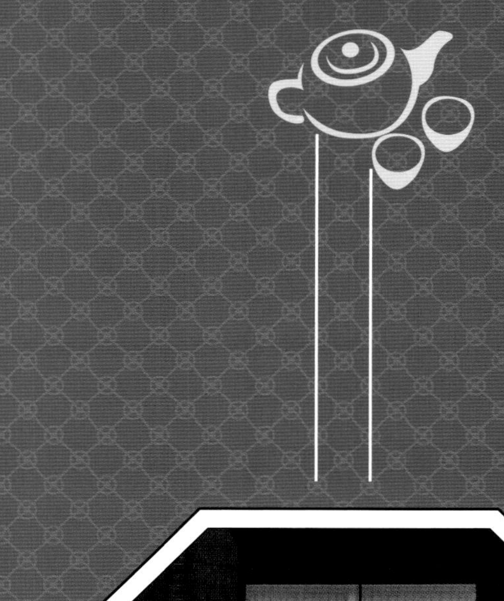

茶会

Tea Party

设计单位　黑龙江省佳木斯市豪思环境艺术顾问设计公司　\　设计师　王严民
项目地址　黑龙省佳木斯　\　项目面积　645 平方米
主要材料　锈板瓷砖、复古老墙砖、中式木格，浮雕曲柳贴面板、布艺 、壁纸、 乳胶漆

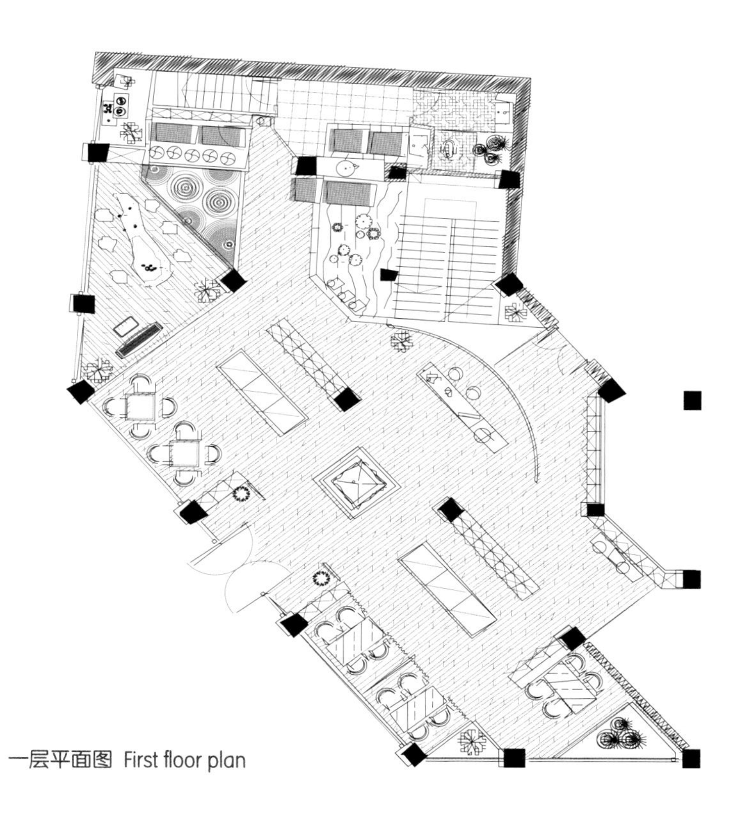

一层平面图 First floor plan

"茶会"位于黑龙江省佳木斯市，身为本土设计师，没有刻意表达明清京韵和江南秀雅。力求将"茶会"打造出北方地域与秦汉气息相融合的人文氛围，厚重不失灵巧，简型做，朴气质，复古老墙砖、中式木格的融入，使东方韵味更加浓重。

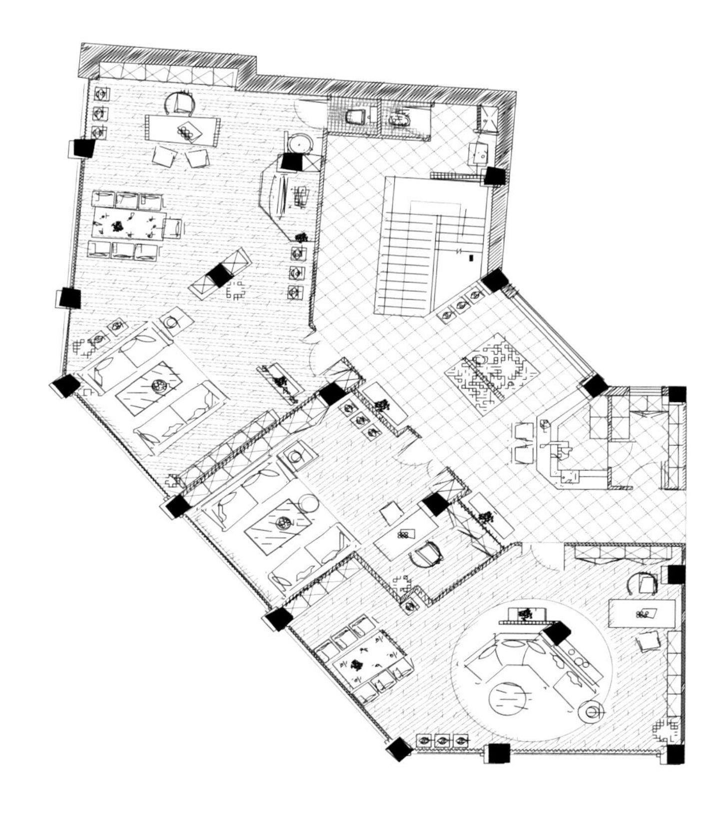

二层平面图 Second floor plan

唐情宋韵

Charm Of Tang & Song Dynasty

设计单位 宁波市高得装饰设计有限公司 \ 设计师 范江

项目地址 浙江宁波

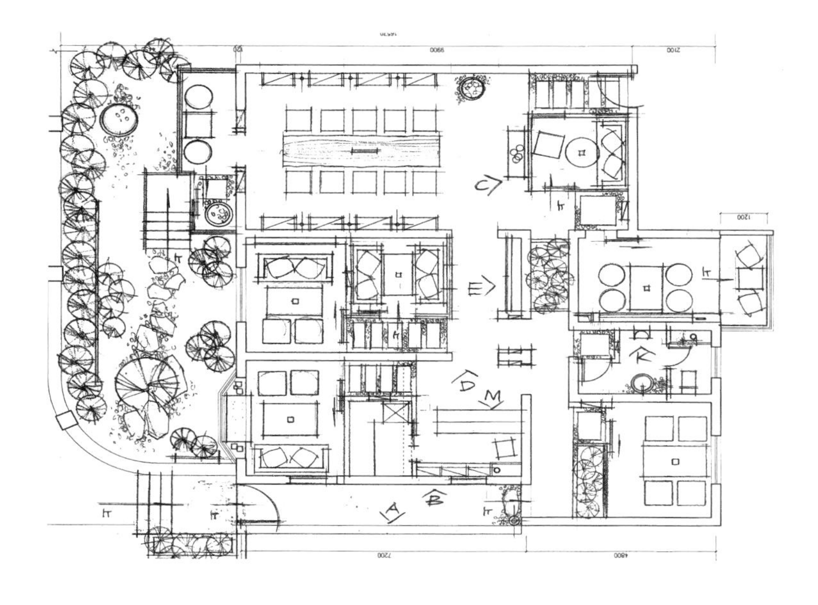

平面图 floor plan

真——进入一个空间对它没有印象，设计可谓失败；若感受有压力或太扎眼，则更失败。所以，真切，让人有一种融入感，是设计始终要表现的氛围。这是一个让我喜欢的题材，烹茶玩玉，就在这一百多平米的空间里。在这里，空间是客，人是主。犹如玩玉，琢琢磨磨，反反复复，设计师一种享受的过程，在拿捏中贯通气韵，慢慢形成自己的气场，一切就绪。没有繁复的古代符号化堆砌，没有富贵逼人，只有淡淡的书卷味，唐宋文人式的温雅让人心醉，展现出一个纯粹的空间。你在其中是主体，它在周围真诚委婉，却时时让你感到它的底蕴、品味。时而喧闹；时而娓娓，仿佛本该如此。

璞——玉未经雕琢充满着自然本色的美，谓璞。这里的材料及施工工艺就是在追求“璞”的不经意。墙面用混凝土，手工随意抹平，略做一下保护层，显得不是很平整。铁板、角钢不经装饰，素面朝天。地面铺金砖洒黑色鹅卵细石，老式石雕门蹭蹲步式的过渡。许多材质的品质皆以本色出现，互相谦虚存在，不抢风头。空间小，材料的尺度都被做适合的调整，显协调精巧，比如青砖、金砖、木头。主要造型是直线的木格栅，有人说像日式风格，其实在中国的宋朝比较常见，老祖宗的博大精深有时能领悟那么一点点，足以受益匪浅。

草堂——用茅草建造的房子，让人想起杜甫的“安得广厦千万间，大庇天下寒士俱欢颜”的质朴、美好愿望。某茶室某茶馆太多，取名草堂显着与众不同，更是体现草的平凡坚韧与朴素含蓄，不是桃红柳绿的夺目。素面的石灰墙，泼墨淋漓的荷塘，墨分五色，枯、湿、浓、焦、淡，有层次有意境，以墙分纸，那荷塘是禅，是心中的《爱莲说》。无论是墙面的绘画还是用铁艺做的一组荷，都只有田田的荷叶与莲蓬，那宽大的荷叶是面，纤细的柔茎是线，小巧的莲蓬是点，形成点线面的组合。荷花在哪里？已谢，留得残荷听雨声，听到秋意渐浓，凋谢的美与微败的萧瑟是文人所热爱的。

云门茶话

Yun Men Tea

设计单位 杭州大相艺术设计有限公司 \ 设计师 蒋建宇 \ 参与设计 王晓略、胡金俊

项目地址 浙江宁海 \ 项目面积 230 平方米

主要材料 木材、型钢、玄武岩、灰色玻璃

洱

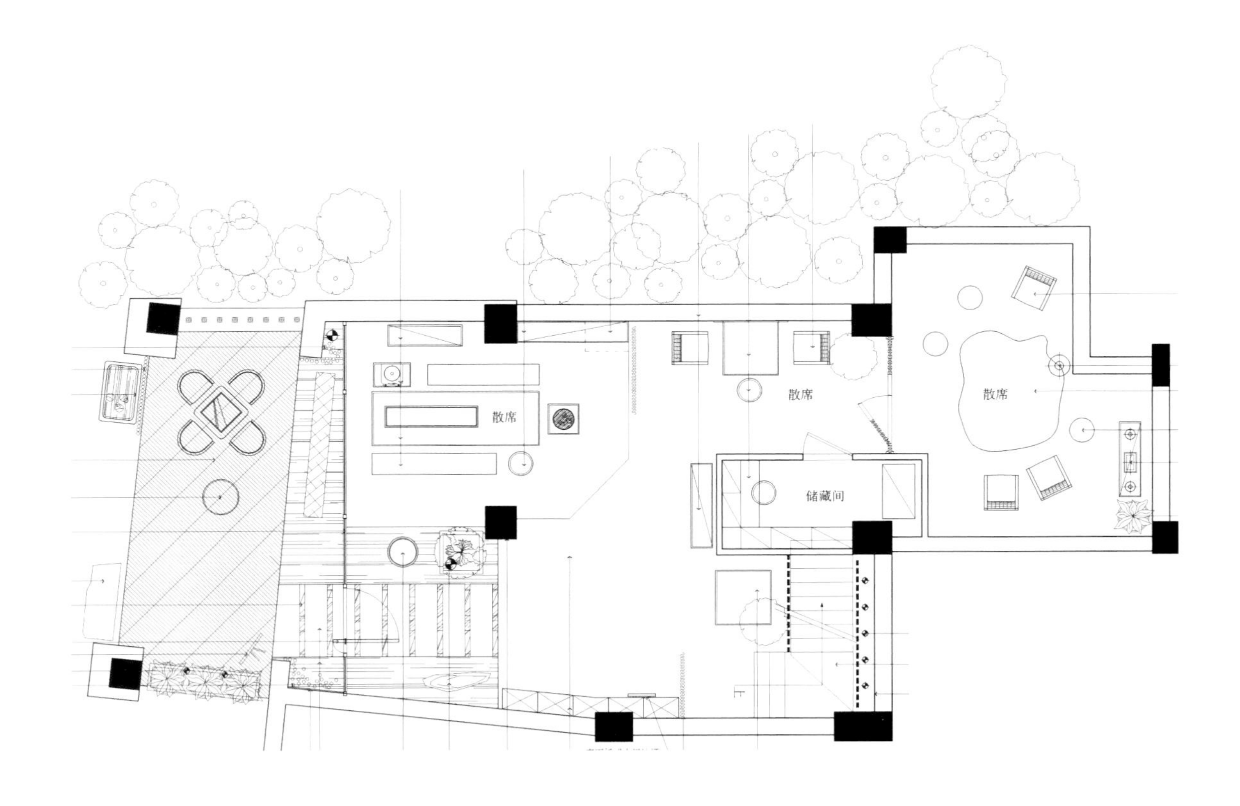

一层平面图 First floor plan

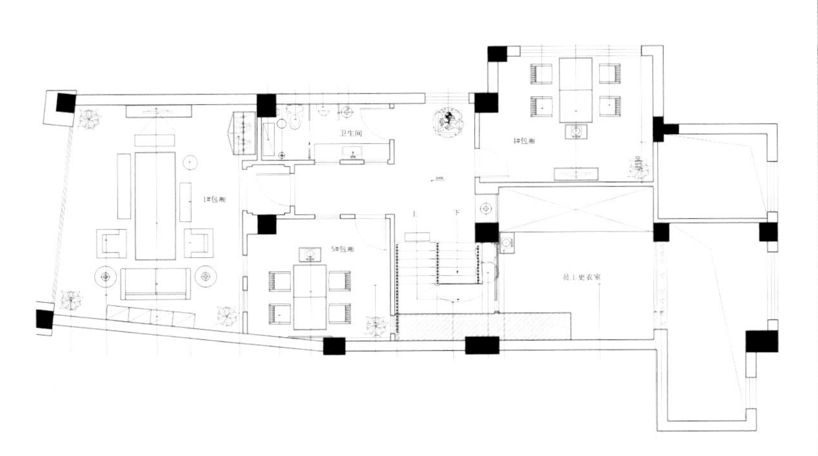

三层平面图 The three floor plan

龙源湖国际广场茶馆

Dragon Lake International Square Tea House

设计单位　B+SW 设计中心　\　设计师　郭嘉

项目地址　河南焦作

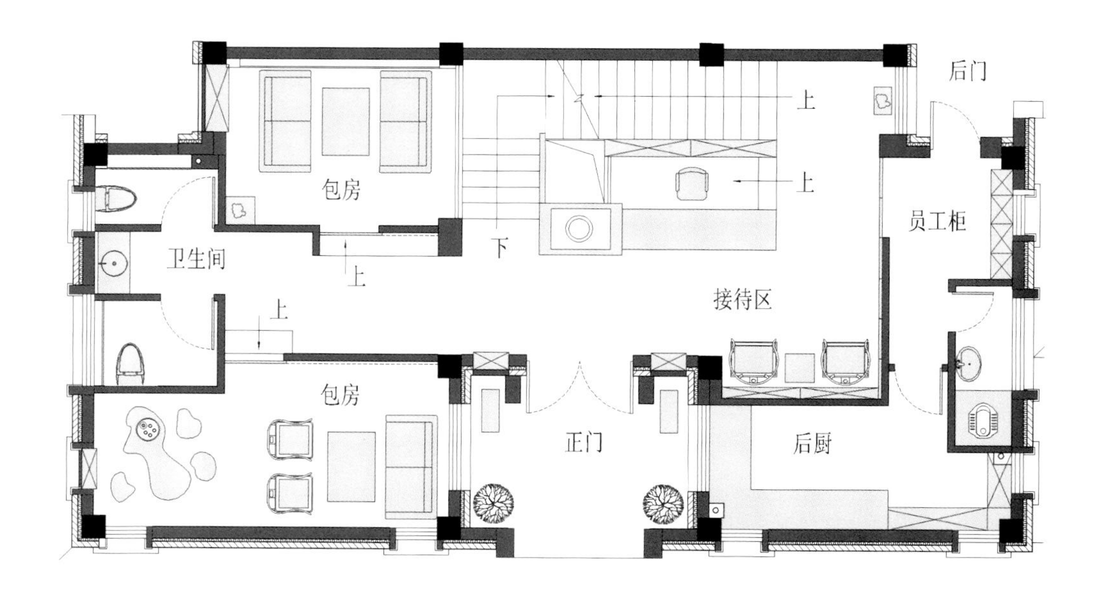

一层平面图 First floor plan

此项目位于河南焦作的龙源湖国际广场，作为居住区内的商业街区，开发商想把茶馆作为人们日常休闲养生的最佳场所，因此我们在设计的时候充分考虑了焦作的历史文化背景。河南省是一个悠久历史的城市，焦作当地也有着如嘉应观、月光寺等历史悠久的建筑古迹，更是一个旅游资源非常丰富的城市，拥有云台山、青天河、神农山三家国家级5A景区，并且盛产四大怀药，太极的教育基地也是焦作作为人文城市的标志……因此我们将这些调研的资料作为设计的依据。

从平面上分为上下三层，将每一层的主题定位为古迹，山水和太极，以水墨作为贯穿设计的语言，增添了人文的气质，并且将四大怀药和茶文化结合作为茶馆的经营策略，给客人留下深刻的印象。在材料的运用上并没有很多肌理质感的材料，主要以大面的黑色木饰面打底配以白色的主题软膜画，来营造水墨的感觉，为了避免色调过于偏冷，中间穿插了暖色的木饰面和木地板，每个包房不同的主题软膜画前，覆盖了一层薄纱，增加朦胧感。在灯光的运用上，包房以大幅的软膜主题画作为间接照明，并且局部配以点光源，让客人自行选择多种模式。在家具的选择上，也是比较偏向于简洁的造型，配合整个空间宁静深邃的气质，让客人在享受茶香的同时能够纵情在焦作的人文山水之间。

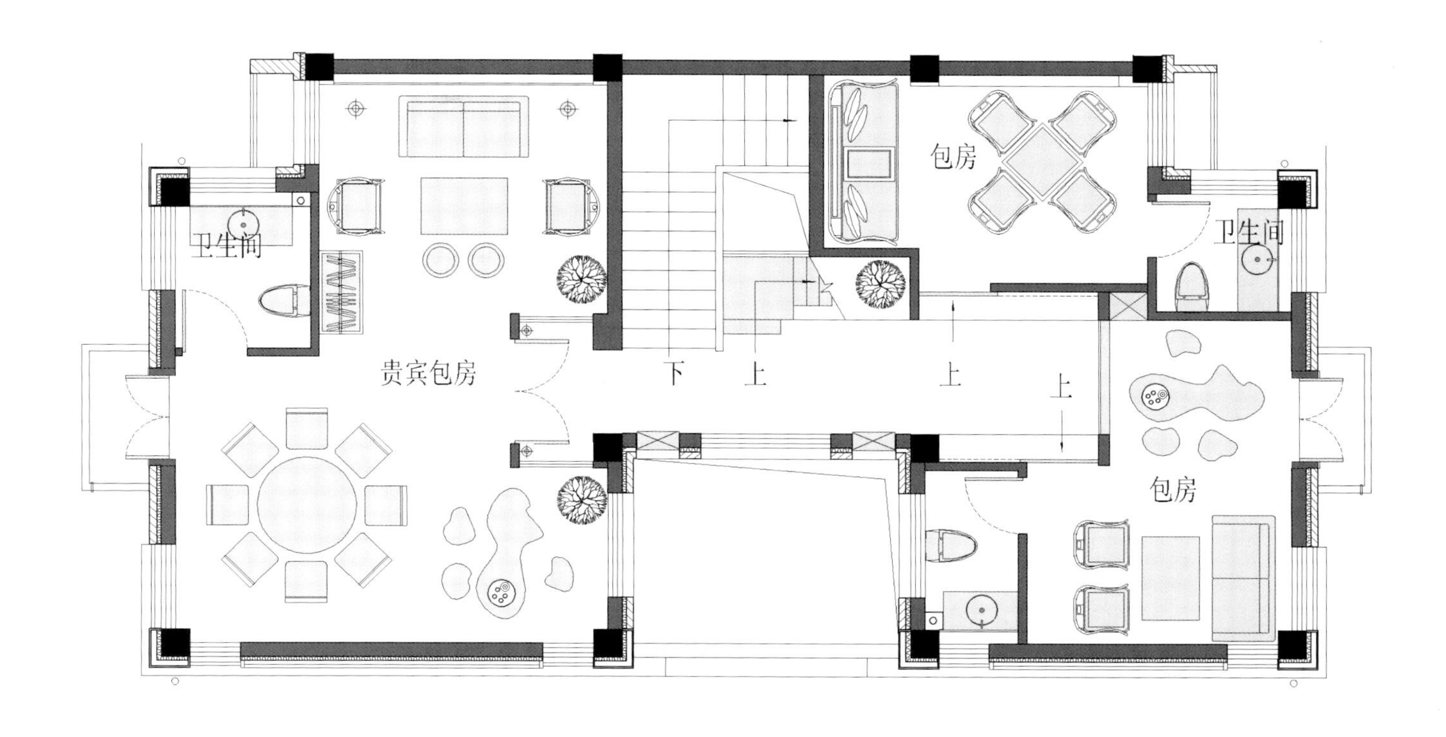

二层平面图 Second floor plan

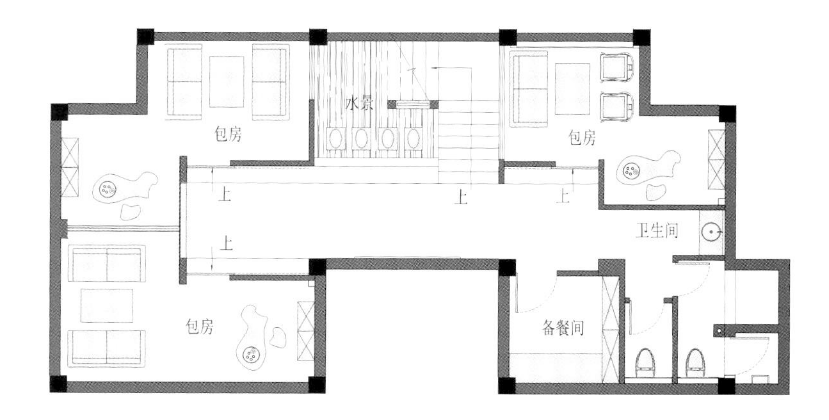

地下平面图 Ground floor plan

三和名茶

San He Tea

设计单位　造美室内设计有限公司　\　设计师　李建光　\　参与设计　黄桥

项目地址　福建福州　\　项目面积　300 平方米

本案传达出浓厚的新古典意味。浓厚的禅宗色彩在佛枯枝、桌几、窗纹等细节处展露无遗。几处佛像摆放的佛像更是突出了这一感受。暖黄色灯光、镜面材质的使用，使得整体效果极具空间感。粗粝石材、竹木墙面的运用又颇有返璞归真的意味。

好自在茶艺馆

Comfortable Teahouse

设计单位 道和设计机构 \ 设计师 郭予书 \ 参与设计 高宪铭、张云灯

项目地址 福建福州 \ 项目面积 260 平方米

主要材料 黑钛、方管、槽钢、麻布硬包、木质花格、木质墙边线、蒙古黑火烧板、白色烤漆玻璃

摄影 施凯、李玲玉

半岩茶记

平面图 floor plan

好自在茶艺馆位于福州定光寺内，茶馆的环境和茶一样，清淡、儒雅、内敛而不张扬。由于坐落在古寺中的地利之变，茶艺馆延续了自古“禅茶一味”的文化思想：静穆，观照，超一切忧喜，亦于清淡隽永之中完成自身人性的升华。于世人而言，在凡尘俗世中偷得半日空闲，持一杯清茶在手，从茶香中品味着“茶可清心”的含义，在纷纷扰扰的世间万象中感受茶带来的佛家清净本质，又何尝不是一种极好的休闲方式?

茶能使人心静、不乱，有乐趣，但又有节制。本案以精炼的黑白搭配作为主题，简约的直线条，勾勒出复古的空间感，大面积的留白则让空间大气通透。黑白实木的沉静稳重，引示茶文化有条不紊的文化发展历程；通过现代工艺手法，用黑色硝基漆处理的镀锌管及槽钢、白色烤漆玻璃、茶色玻璃、深色石材等组合，用于展示柜、门、家具，即精致的工艺将原本单一的木线条与生硬的墙面结合，贴切主题，提炼精髓且不予繁琐，亦为这忙碌喧嚣的世界带来一份静谧与安详……

半岩茶记

半岩茶记

半岩茶记

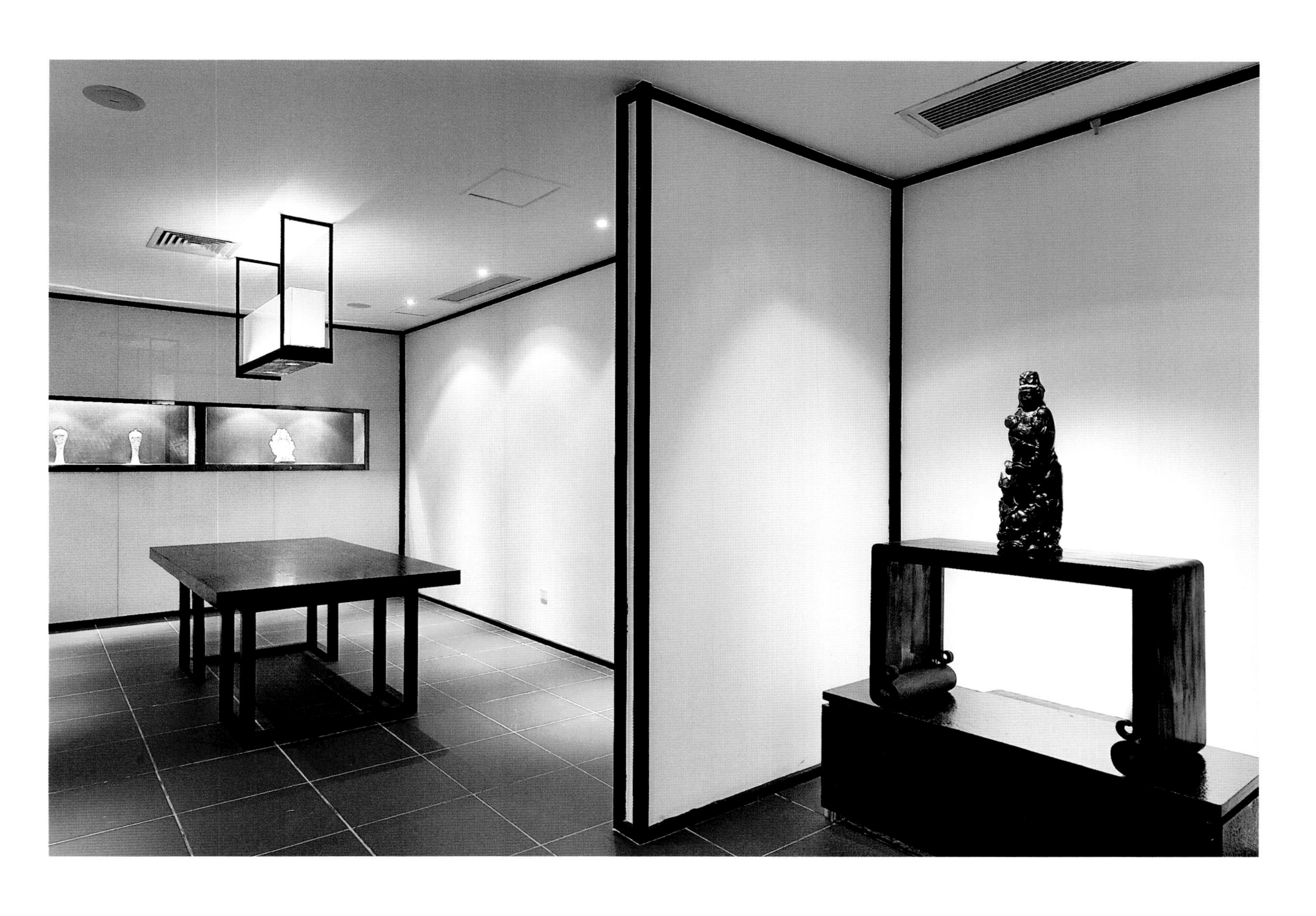

环秀晓筑揖翠堂

Green Hall

设计单位　苏州国贸嘉和建筑装饰工程有限公司 \ 设计师　余守桂 \ 参与设计　郭威
项目地址　江苏苏州 \ 项目面积　500平方米
主要材料　仿旧窄地板、毛面灰色地砖、松木板 \ 摄影　贾立明

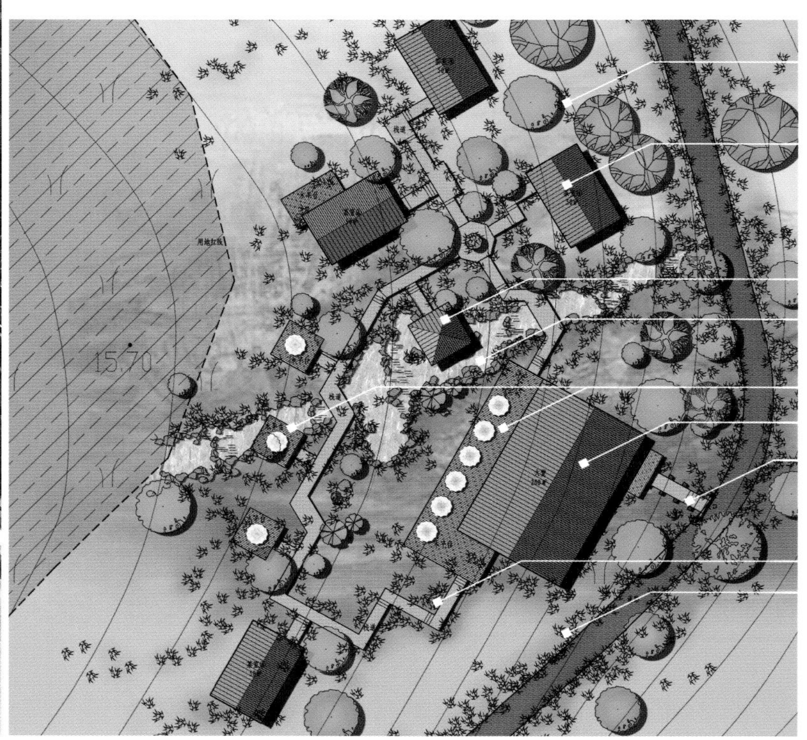
15.70

本案位于旺山西南山坳的一片茂密竹林之中，自然环境雅致清幽，项目为度假酒店配套的茶室，定性为临时建筑，因此从建筑开始便以“朴、拙”为设计方向，力求最大限度减少对环境的破坏以达到与自然的融合，以原生态的方式演绎茶道氛围，建筑由一个茶室和四个包厢组成。

【立意】曲水流觞 茂竹修林

取《兰亭集序》“此地有崇山峻岭，茂林修竹，又有清流激湍，映带左右，引以为流觞曲水，列坐其次。虽无丝竹管弦之盛，一觞一咏，亦足以畅叙幽情”情境，致力于创造一个追求林泉归隐的士人氛围，意在传递“和、敬、清、寂”茶文化的同时，消解时空跨度，给人以轻松回归的精神慰藉与视觉享受，以期达到“静扰一榻琴书，动涵半轮秋水”的空间感受。

以“危桥属幽径，缭绕穿疏林。迸箨分苦节，轻筠抱虚心。俯瞰涓涓流，仰聆萧萧吟”古诗为情境，在竹林中依地势起伏及竹林疏密“按时架屋”，自成错落逶迤、曲径通幽的天然之趣。利用原排水渠道作“若为无境”的理水处理，注重茂林修竹与水景结合带给人的视觉感受。运用贴近自然的材料和平实的手法，塑造建筑与环境的雅致朴素、返朴归真，力求人文精神与自然景观达到完美契合，尽力避免人事之功，以期达到宛自天开的视觉感受。

茶禅一味

Tea And Zen

设计单位 农志海设计工作室 \ 设计师 农志海
项目地址 广西南宁

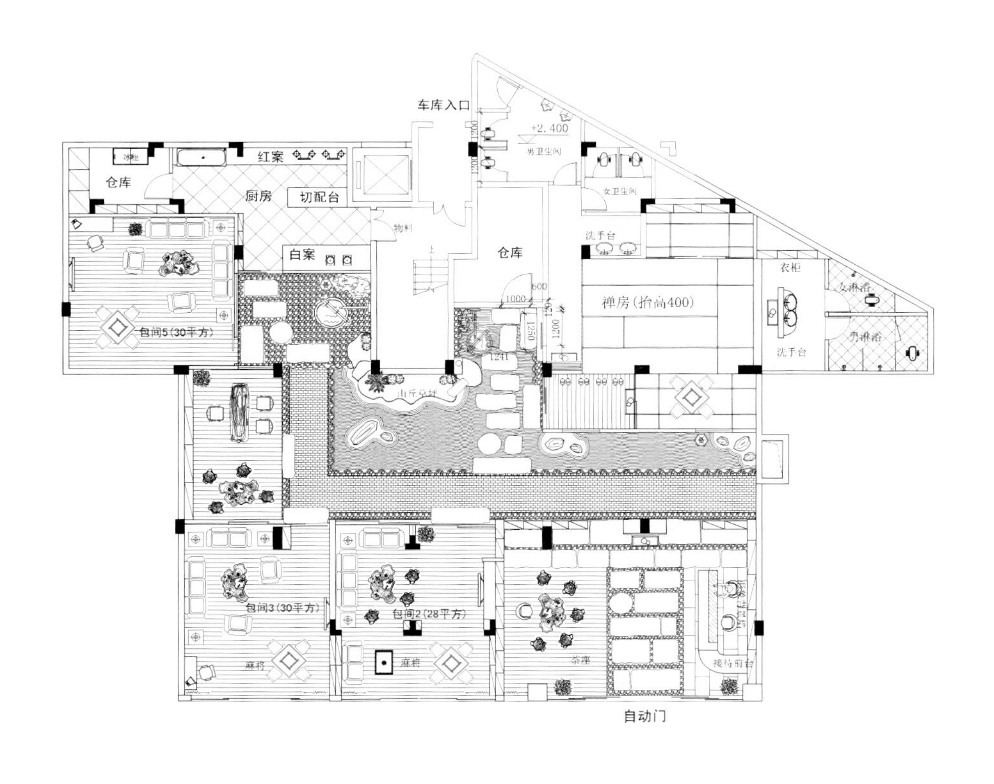

平面图 floor plan

茶禅一味 — 东方哲学中的自然美学

生活的节奏一天天加快， 能守一份宁静，拥有一颗从容的心灵，任思绪飞扬，该是怎样的惬意？而品茶，是一种极好的让我们感受生活，解脱自我，回归自然的方式。

一个好的品茶环境，会让人们体会到心灵深处的那份宁静。好的意境就能做到：杯壶虽未暖，馨香早溢心。“古来圣贤皆寂寞”，各人的茶杯中自有禅，品味人生之茶，又何尝不是一种乐趣呢？在这样的一个茶室里品茗，品的远远不止于是茶味本身，而是感悟一种生活的滋味，一种人生，一种禅。

茶与禅，这两种方式都在给我们诠释着静以修身、宁静致远的同一种蕴意，自成一味。 自然而然的禅境氛围营造便成为了这一项目设计的精髓。我们以简洁、质朴的设计理念，借用岩石、白砂、枯树、稻草等自然中静态物品来表现天地中自然之神韵，造就东方哲学中的自然美学。以枯、拙、寂、淡之美，留给每个人以无限畅想的空间。

为避免原有空间层高的不足，在此处我们在设计上巧妙地引入了“天光”，让空间向上得到了延伸，并在此引景入室，形成了空间中的内明堂，使室内的气息得到了承载，得到了贯通。

“气乘风则散，界水则止”，包厢的转角位置水钵水景的设置，增加了该区域的景观，拉开窗使包厢内外环境得到了交流，原“死角”顿时灵动起来，形成了幽静的“上位”。

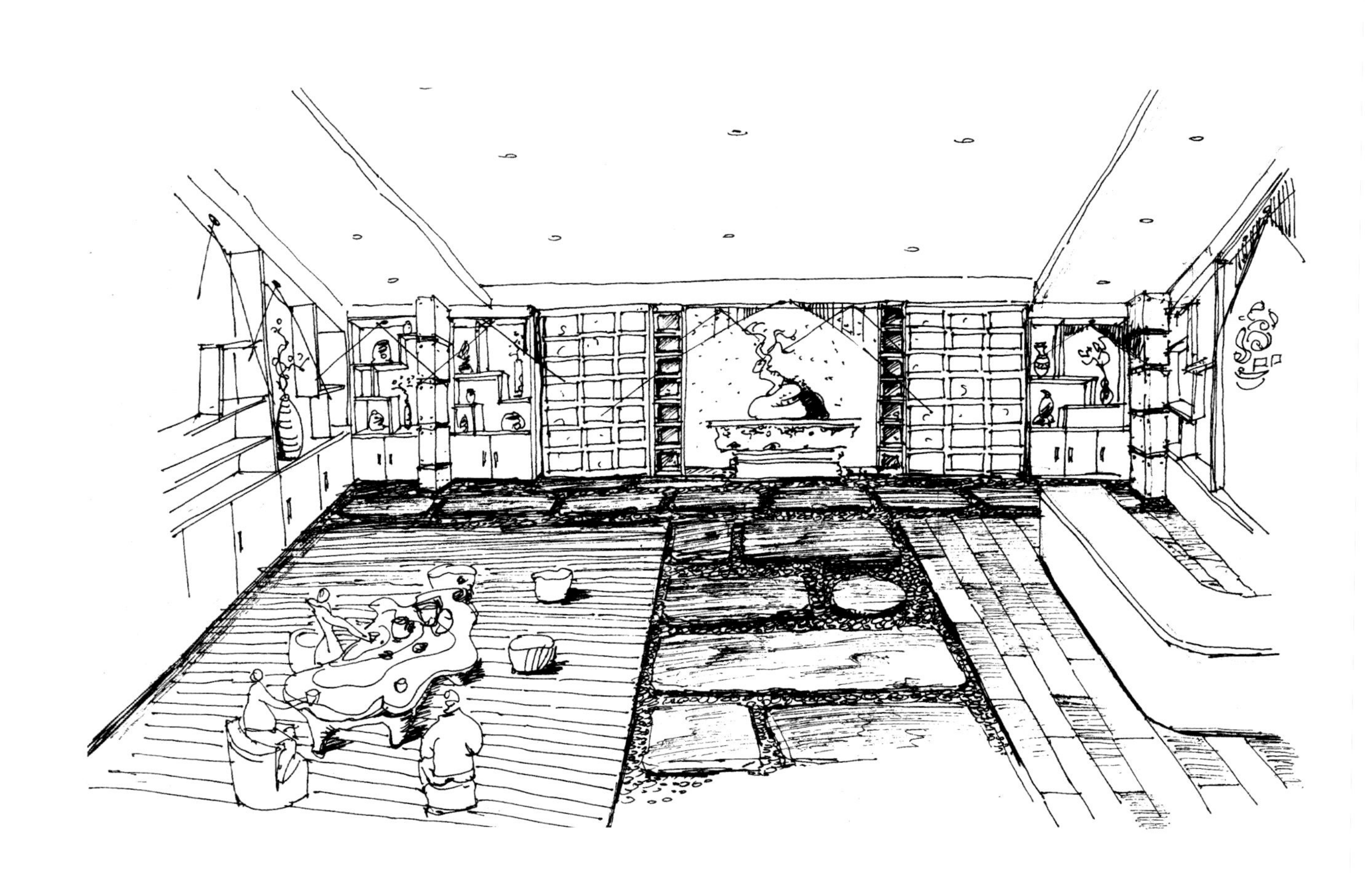

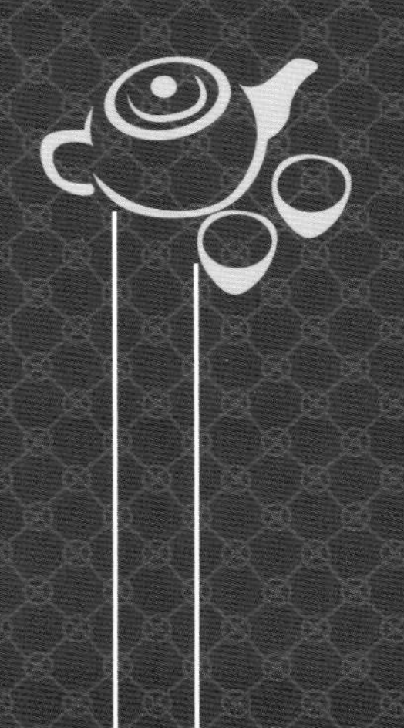

瓦库 7 号

Wa Ku, 7th

设计单位　西安电子科技大学　\　设计师　余平　\　参与设计　马喆、董静、哈力申
项目地址　河南洛阳　\　项目面积　1200 平方米
主要材料　瓦、砖、旧木头、乳胶漆　\　摄影　苏小糖

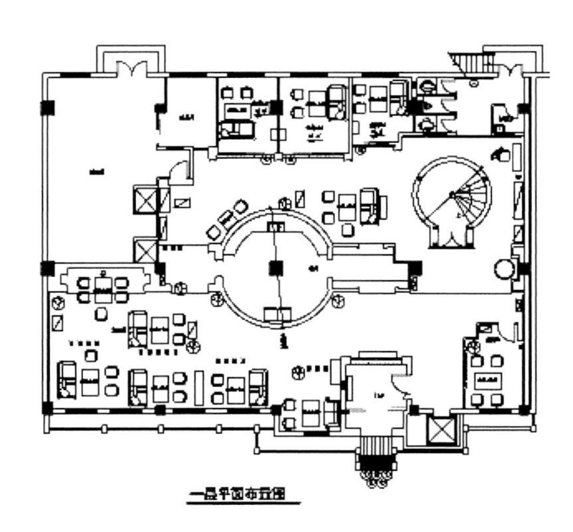

平面图 Floor Plan

出口
EXIT

瓦库，一个喝茶的地方。瓦库七号又是一次瓦的集合。它位于洛阳市新区，建筑面积1200平方米，分为三层。建筑开窗为东西朝向，每扇均可打开。让阳光照进，让空气流通是核心设计理念。

窗台上布置鲜花绿草，迎送每日阳光与清新的空气，主材为旧瓦、旧木、沙灰墙等可呼吸材料，给室内空间穿上纯棉的内衣。它们与阳光、空气构成生命情感的对话。空间组织在解决商业流线的前提下最大化解决自然光线和空气流动，对流窗与吊风扇的结合，加速室内气体吐故纳新的循环作用，即使是座落在远窗角落的房间也力求阳光空气自然穿行其中，让自然采光的二次穿透，大大降低能耗，瓦库向低碳生活迈出一步。将大自然的阳光、空气提供给每一天到来的客人是本案设计成功解决的重点。

五维茶室

Wu Wei Tea House

设计单位 上海创盟国际建筑设计有限公司 \ 设计师 袁烽 \ 参与设计 韩力、何福孜
项目地址 上海杨浦 \ 项目面积 300 平方米
摄影 沈忠海

茶室位于创盟国际 J-office 办公区后院，是对基地上原有的一栋屋顶已经塌掉的仓库房的再建。基地本身极为局促，三向面墙，只有一个方向朝向一个有水池的后院，同时整个建筑对空间的索取也因为现有的一棵大树而受到很大限制，而设计的结果表现为一种综合了封闭与开敞、占有与妥协、趣味空间与逻辑建造等多种复杂关系之后的和谐。整个建筑贴合基地空间，平面布局呈现为一个逻辑关系模糊的四边形，却也因此获得了对空间的最大索取。整个建筑在布局上分为三部分，朝向后院一侧布置相对公共性的开敞空间，一层茶室，二层图书室，同时在二层图书室伸出一个三角型的小平台将现存树木加以包裹，使得树木和建筑本身融为一体。而背向后院一侧布置休息室、书房以及辅助服务空间等相对私密的空间；公共空间与私密空间之间通过一个趣味性的连接空间得以串连。

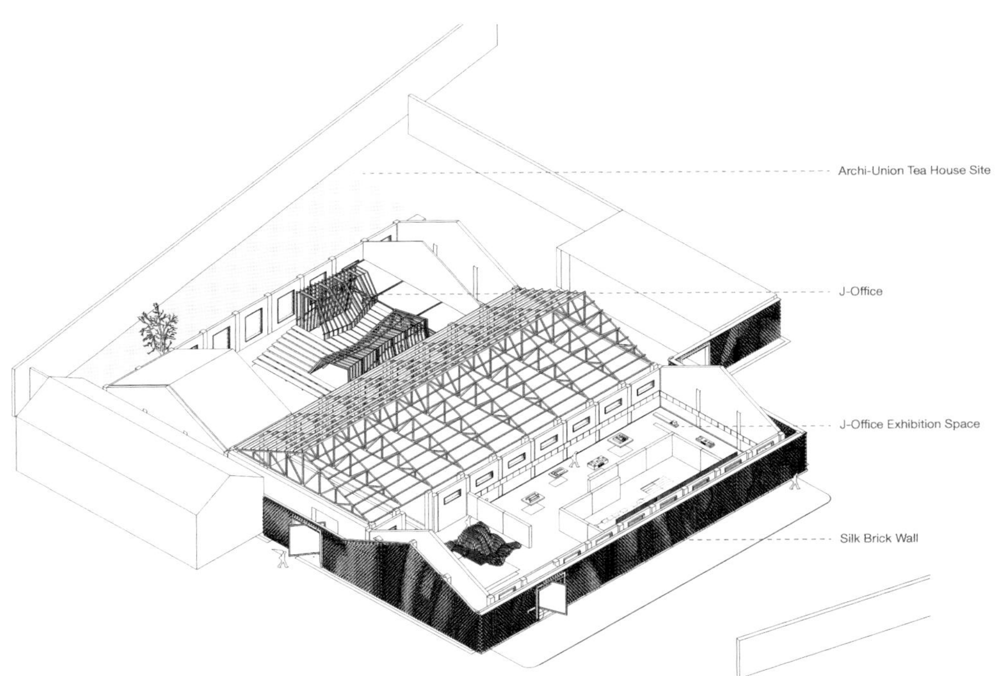

平面图 Floor Plan

连接空间是一个通过扭转放样得到的非线性六面体，将前后两侧的四边形平面去掉后，连接空间将两侧属性不同的功能空间加以融合，楼梯空间的置入同时解决了茶室的竖向交通问题，并为二层书房贡献了一个可以看到现存树木的内向小庭院。而连接空间也为本来平淡的基本功能空间创造了新的空间感受，一层茶室空间出现了从平直空间向竖向空间的突变；而二层图书室的空间也因为趣味空间的存在而获得了独有的场所感。

连接空间是一个无法通过平面图纸表述的三维异形体，我们在 Rhino 中完成对形体的基本推敲以及空间的把握，但这样的数字模型很难直接转化为可以指导工人进行施工的讯息。 同时，工人手工施工的现有限制条件迫使设计师在提交施工方案时，必须同时给出解决措施以实现前沿数字化设计与中国本土低技施工现实的结合。我们首先在数字软件中将曲面扫掠过的多根结构骨架线进行提取，使得曲面形式通过相互交错的直线进行概括，再将直线进行等分，以实现直线间的曲面拟合，等分的距离控制在木模板可拟合的尺寸之内，这样，数字化的放样就转化为手工可控制的形态。再根据这样的直线拟合关系制作一比一的木骨架模具，在这一骨架基础上蒙上细分后的木模板，由此形成一个完整的空间曲面模板构架。模板构架根据施工工序切分为上下两次搭造。楼板的浇筑基本和普通的混凝土相一致，唯一就是钢筋的铺设也与模板的直线取向相一致。铺设钢筋后混凝土的浇筑也通过手工来完成，并最终形成了现有的实体效果。模板的痕迹在施工后完全保留，全手工的施工模式使得混凝土的表面出现了很多类似起泡、模板脱胶，钢丝外露等很多质量缺憾，但曲面的独特形式却使得这些得以弱化。虽然无论是模板布置还是手工浇筑都具有一定的造型误差，但这一数字化设计与低技手工施工相结合的方式对建造数字化建筑的探讨也具有了特别的意义。

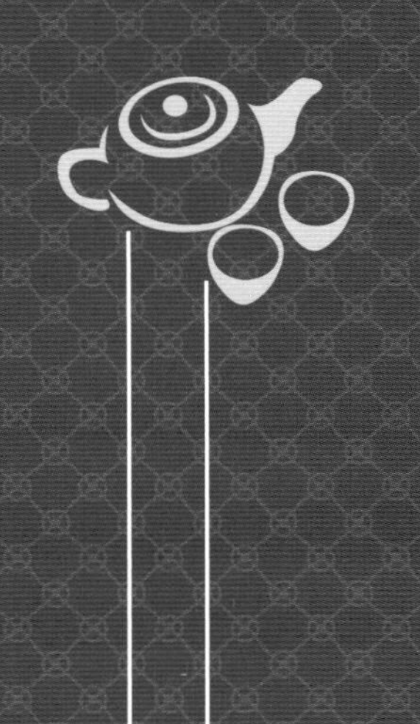

瓦库 5 号

Wa Ku , 5th

设计师　余平　\　参与设计　马喆、董静
项目地址　河南郑州　\　项目面积　1200 平方米
主要材料　瓦、陶地砖、旧实木、麦草白水泥　\　撰文　董静

三层平面图 The three floor plan

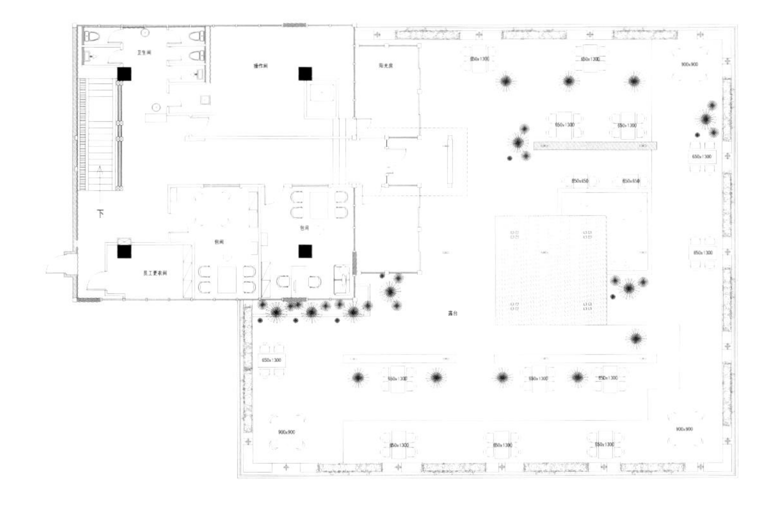

四层平面图 The four floor plan

瓦，是一个时代，一代人的集体体验，不分种族，不分国界。作为设计师的精神所指，有对建筑和环境的反思，有童年的情感记忆，以及对农耕文明和大自然的眷恋。可以说瓦这个设计元素蕴含着无限的内涵。而这个元素又是我们再熟悉不过的。从中可以看到日常，看到世俗生活温和而粗糙的质感。当深刻的个人体验与集体体验相碰撞时，有艺术高度的设计就产生了。设计师将自己对家园的守望实践在“瓦库”这样一个原创作品之上。是以纯艺术的形式对室内设计的一次探索。我们熟悉的瓦在设计师手里变了，一片瓦变成一页书，被悬挂在墙上；倾斜的瓦屋顶变成一面墙，直立在身边；瓦片托着一个蜡烛，或者顶着一朵小花……这样的设计是把我们熟悉的日常事物陌生化，进行再创造，这是设计应该具有的力量。

古民居是一个偶然幸存下来的标本，给我们提供了人、自然和房子和谐相处的典范。设计师在十几年的古民居行走过程中，怀着对自然的敬畏之情，思考我们丢掉了什么，我们真正需要的是什么。“瓦库”无论是空间的组织，还是设计理念，或者材料的选择和应用，以及后期陈设都凝结着设计师对古民居的思考。

在空间组织上，古民居借自然地势灵活多变的建造格局，形成了生动的街、巷、弄堂。瓦库里也有“街、巷、弄堂”甚至“一线天”，空间组织的“曲”和“动”让室内具有趣味性并有放大空间的奇妙效果。

为了在设计中正确表达人与自然的关系，设计师在通风、采光等方面对原建筑都有要求。每间房间都要有窗户，窗户是室内外相联系的重要构件，窗户的玻璃要无色透明的，能够最真实的将户外的色彩和感受传递到室内。原建筑不能开启的玻璃窗都进行了改造，本色的透光玻璃窗可以开启，自然的光线、空气可以进入室内空间的每一个角落。大厅与包间都伴有吊扇和鲜花。旋转的吊扇可开启的窗户相配合，将室内外的空气保持流通。瓦库的设计就如同房顶上的瓦片一样，联系在一起的是瓦下的人和瓦上的天。

裕泰东方

Wu Yu Tai Tea Salon

设计师　赖建安　\　参与设计　高天金、肖伟、杨虞浩、朱珈漪
项目地址　上海　\　项目面积　474.5 平方米
主要材料　锦砖、瓷板、大理石、花梨木实木、铜板

裕泰東方
传承百年好茶经典　创造世纪品茶潮流

生命本是时间的艺术，茶如是。美不止是静态的刹那，更包含刹那间的历程。设计者以静思沉悸的状态、东方禅的意境，感受大思无我、大象无形的内在思想。兼容思考与内敛，一度一聚焦。以凸显百年人文茶馆的存在价值及意义。秉承这样的气质，设计者从现代的中国风的角度让中国的百年茶文化获得了新的生命，而对中国传统材质和古代元素的精准运用，让整个空间古今交织，相互融合，充满时代气息，又不乏现代感的时尚，并将女性柔美质感融人其中。

从茶莊的入口开始，设计师就对中国元素进行了提炼，锦砖、竹藤、石块、铜板等，似乎一个关乎于中国茶文化的讲述就此娓娓道来。现代建筑的体量感在中国元素的表面装饰之后，增添了人文的感官享受，成为都市中难觅的一隅，自然且悠闲。现代建筑原本的冰冷和距离感就此巧妙的被设计者淡化了。

入口和正厅大堂中间，有一个巨型的茶桶，刚进入室内就让人眼前一亮，大有豁然开朗之感，使得金色的茶桶与锦砖的相互碰撞，这也得益于设计者先抑后扬的手法。进入茶庄的大厅，映入眼帘的是一张长达 8 米的花梨木实木吧台，既是接待又是供茶客品茗畅聊的地方，凸显茶文化的东方底蕴。中间三角形抬梁式构架的屋顶和用竹藤编织的藤条，在空间装饰上形成鲜明的对比，硬朗的线条、大量表面纹理丰富的材质与中式元素的家具和摆设品相得益彰，使得东方禅的设计理念贯彻始终。VIP 会茶区是最体现人性化设计的地方，灵活的规划空间并使之达到利用率最大化。为了扩大会茶区的使用空间，在区域之间运用木制屏风将空间隔开，不仅使会客之人相互不干扰，打造一个拥有宁静的氛围，也是空间更有生命感。与现代艺术家合作，亦古亦今的设计手法贯彻始终。

空间中艺术家的手绘茉莉花和巨型油画，都切合着品牌主题，揉和着东方之美，绘画效果与灯光相互得宜，也使百年吴裕泰老牌新作得以延续，将非物质保护遗产茉莉花茶推向国际舞台！有底蕴的老品牌从：接触——了解——深入——归纳——整合……到创造百年品牌！

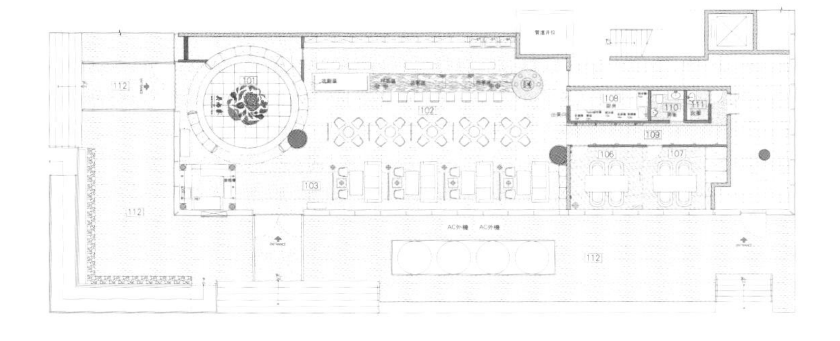

平面图 floor plan

八马茶业

Tea In BAMA

设计单位　厦门百帝装饰设计有限公司　\　设计师　连伟强
参与设计　陈涛、欧阳坤、陈迎亚　\　项目地址　湖北武汉
主要材料　劈面毛石、手工雕花面板、铁艺、玻璃

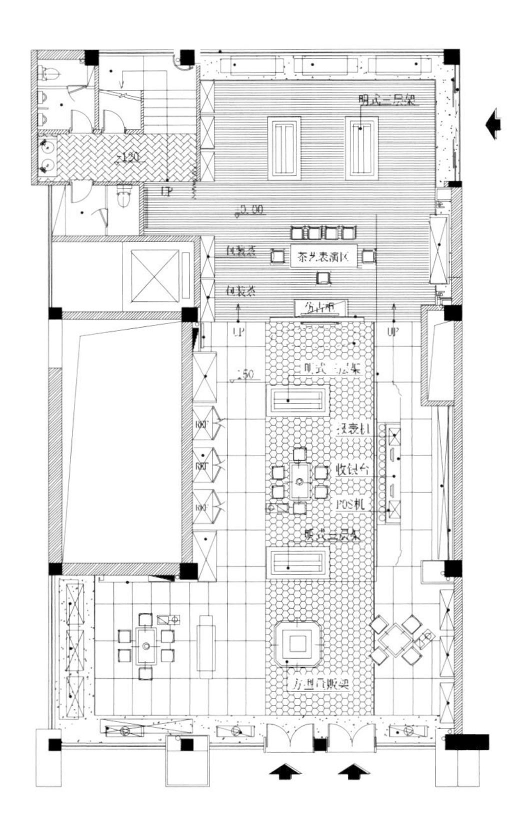

一层平面图 First floor plan

八馬
八馬
八馬

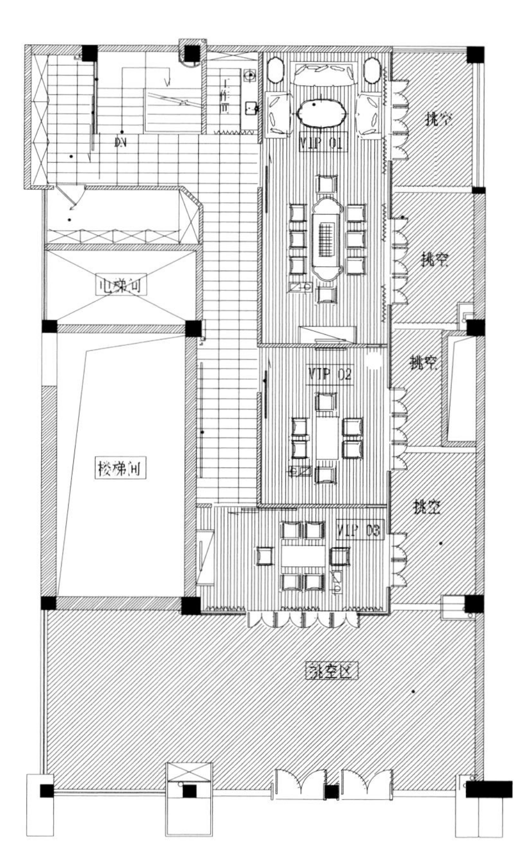

二层平面图 Second floor plan

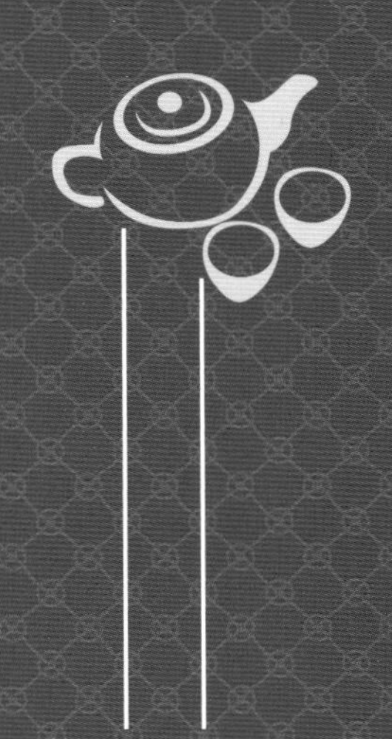

安薇塔英国下午茶

Annvita English Tea Company

设计公司　十方圆国际设计工程公司　\　设计师　赖建安、赖建良
参与设计　高天金、肖伟、杨虞浩、朱珈漪
项目地址　北京　\　项目面积　1200 平方米
主要材料　深色水曲柳、柚木、红、蓝、绿丝绒、明镜、大理石

相传第一位开始喝下午茶的人应该是19世纪初期，维多利亚时代一位懂得享受生活的英国公爵夫人安娜贝德芙七世，创造出了特有的英国下午茶，经过两个世纪的延续，引渡到了中国，在这个拥有茶文化的地域中，生根发芽。

设计者在设计初始，通过对百年安薇塔体系的接触、了解、深入、归纳、整合以及对城市历史文化的进行提炼，结合百年安薇塔红茶的品牌文化，打造出皇家贵族下午茶概念，成为设计主轴，创造出极度奢华下午茶体系，在业界独占鳌头。如果说，中国茶如国画般沉稳内敛，那么英国下午茶就如同一幅油画，色香味斑斓，犹如雨后彩虹。在享受正统与奢华的视觉味觉体验的同时，让自己置身于优雅的氛围中，在炎热的午后做个心情SPA，享受一下午后的“慢生活”。

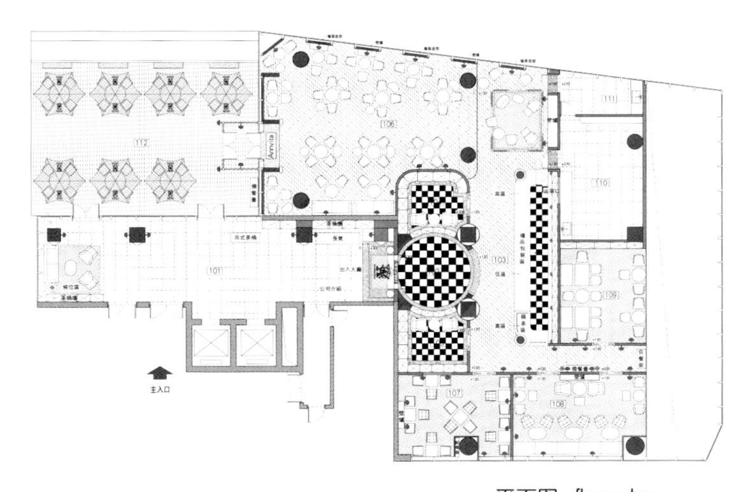

平面图 floor plan

Annvita
English Rose Tea
Irish Cream Tea
Vanilla Tea

Moroccan
Spiced
Green

Whittard

Creamy Berr
Black Tea
Darjeeling
Rose & Hibiscu
Flavore
Black
Mango Tea

迎贤堂

Ying Yin Tang

设计单位　阡陌装饰　\　设计师　陈传畅
项目地址　浙江宁波　\　项目面积　150 平方米
主要材料　老式青砖、毛石、家具、花格

茶
安化千两茶
迎賢堂

自古茶道，与雅致的韵味是分不开的。若是空有一壶好茶，没有雅致的环境来衬托，未免太过泛泛，并不足以称道。

茶文化一具有时代性，本案禅茶堂与现代都市相互碰撞，散发出一种年代感，符合茶文化的时代性。设计风格主要以中式民族风格为主，茶楼保留了明清风格，飞檐斗拱，红柱青瓦，古色古香，门面为红色的漆面门，镂空的木质窗给人以放松的感觉，基调简约古雅。

整个空间基本上用传统对称格局布置，中式元素在空间中随处可见，白沙、古石、茶具、卷轴字画，处处都流露着古香古色的精致茶韵。大面积使用的古石青砖和仿古家具，给人以一种醇厚的年代感。

在这样透露着年代感的环境中，悠然品茗，享受田园生活的惬意时光。

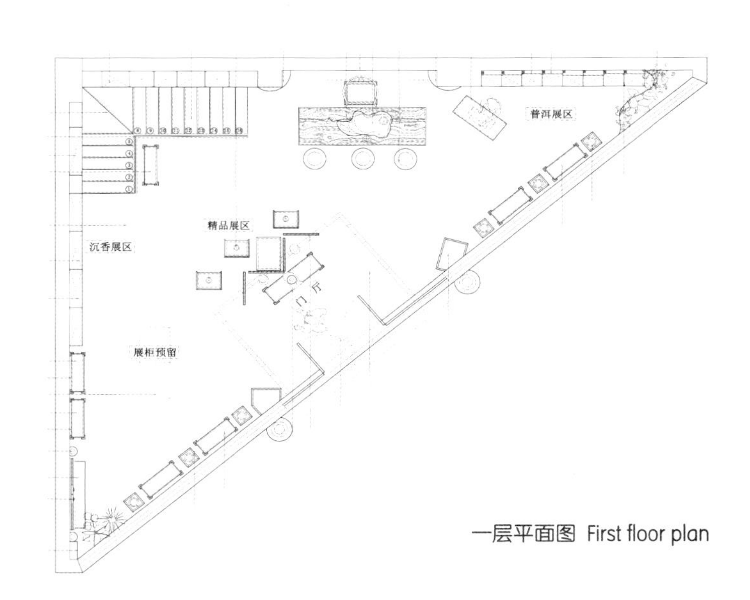

一层平面图 First floor plan

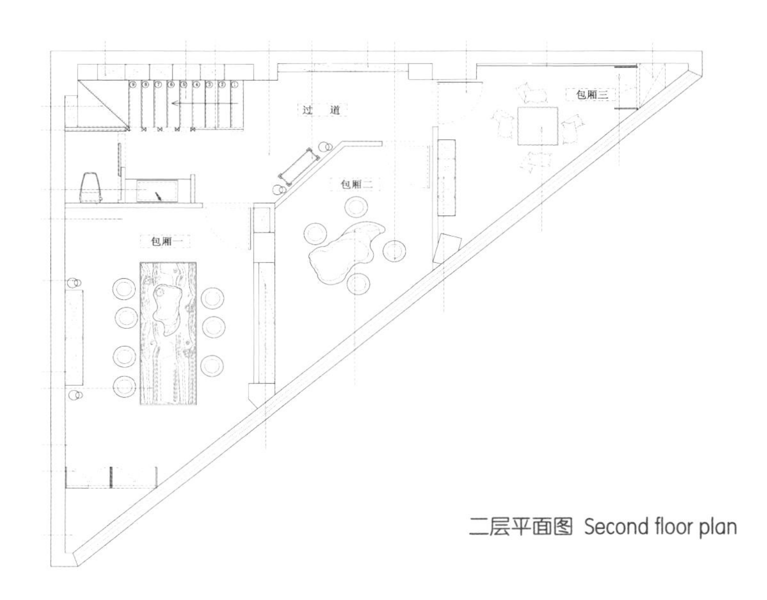

二层平面图 Second floor plan

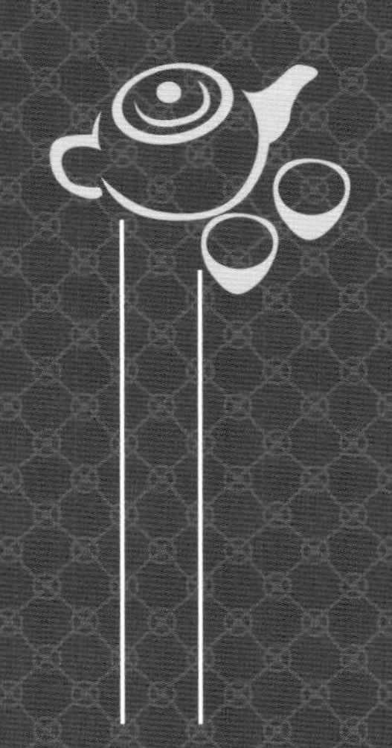

静会所

Jing Tea Club

设计公司　C&C(联旭) 室内设计　\　设计师　吴联旭
项目地址　福建福州　\　项目面积　1200 平方米
主要材料　 青石、灰砖、稻草灰、实木花格

JING TEA
茶
静茶
JING TEA

茶会所作为茶的空间载体，茶文化的传播之地，渐渐成为人们生活的一部分。走进位于长乐的静茶会所，400多平方米的空间显得大气而又富有神秘感，处处都充满着传统的中式韵味，不经意间又能看到现代元素的运用。空间内没有复杂的结构与繁复的装饰，宽敞的空间带给人的是一种大气磅礴的气势。会所内以素色为主色调，深灰色的瓷砖沉淀了空间的颜色；大面积的木料在射灯的照射下，光与影产生明、暗、虚、实相互交融，给空间带来一种丰富的质感。

设计师以柜为墙，环绕四周，更设计了一个贯穿了两层楼的展示柜，如此之大的体量感让人为之惊喜，这样的设计不但可以起到展示商品的作用，也让展示柜成为了背景墙，商品成为了装饰的一部分。古典的中式花窗造型被用做吊顶，成为天花板的装饰之一，同时将白色大理石作为装饰穿插在木色之中，整个空间无不彰显着“静”字的含义。

“静我神”是一种修养的理想境界，古人求静，今人亦在求静。设计师将这里打造成为喧嚣闹市中，一处欲寻觅的静所。以茶之名相聚而坐，用青瓷茶杯盛上一杯茶，沁人茶香扑鼻而至，再点上一坛沉香，便似乎可以遁隐于山水之间。借茶辅心，茶中静心，在茶汤中洗尽凡尘杂念，静心沉思，体悟人生。 在这个静茶会所中，人们可以体会到“一山一水一茶舍，一心一境一杯茶”的美妙意境。

静茶
静道

一叶知秋

Leaf Fall

设计公司　孙玮设计师事务所　\　设计师　孙玮

项目地址　安徽合肥

见一叶落，而知岁之将暮；睹瓶中之冰，而知天下之寒；以近论远。三人比肩，不能外出户；一人相随，可以通天下。中国古代最负盛名的二次文人盛会——兰亭聚会与西园雅集。“群贤毕至，少长咸集。此地有崇山峻岭，茂林修竹；又有清流激湍，映带左右。引以为流觞曲水，列坐其次。虽无丝竹管弦之盛，一觞一咏，亦足以畅叙幽情。”如今，在《一叶知秋》仍可感觉到兰亭聚会的至雅至乐，抑或独自一人，小酌一口，体会这难得的闲暇时光……

观茶·古典禅趣

茶道，在我国有着悠久的历史。它兴于唐代，盛于宋、明两代，衰落于清代。还记得明代作家魏学洢的《核舟记》那关于茶的描写——“居左者右手执蒲葵扇，左手抚炉，炉上有壶，其人视端容寂，若听茶声然。”文章的作者说核舟所刻大概是苏轼泛舟赤壁的情景。在那小小的核桃上不惜刻上千烧茶的童子，可见当时文人雅士们是多么的喜爱饮茶。于波涛骇浪之上泛舟赤壁，竟然有富于烧茶，还那么的专心致志。

《一叶知秋》会所，过滤掉嘈杂的闹市，以古徽州院落的概念营造出独特的茶文化氛围，茶壶、瓷器、藤椅、红木，部是最传统的茶馆之物，与徽州建筑中的青砖黛瓦相得益彰。白色的墙壁，让屋外的灰砖墙添了几分亲切与柔和，角落里的绿植让空间更加自然，让“院”中人忘却闹市回荡在茶文化和徽州建筑的神韵中。

一叶知秋
见一葉落，而知歲之將暮；
睹瓶中之冰，而知天下之寒；
以近論遠。三人比肩，不能外出户；
一人相隨，可以通天下。
生光
茶道
茶道

观色 · 灵动悠远

青砖、黑色纹理棕木、红木椅凳，颜色上沿袭了徽州的经典元素，设计师用淡雅黄色的窗帘和红色的坐垫，将原本基调过暗的空间装饰点亮起来。

光影的极致状态是如梦似幻，不管是从墙面的松树壁画，还是在吊灯的选择上都是采用了古朴的点阵光源，保留部分的黑暗，营造出神秘感和私密性。通过点光照映在绿植间，做出点点光斑的效果。吊顶边缘的光线，使空间整个光线柔和、自然。把顶部的线条凸显出来，文人雅士、少长咸集的情景，似乎就在眼前。唐代的诗人钱起有一首《与赵莒茶宴》。诗曰："竹下忘言对紫茶，全胜羽客醉流霞。尘心洗尽兴难尽，一树蝉声片影斜。"就极有意境，就有了"道"的意味，也有了一点点的"禅"味，也是悠然心情极好的写照……

處世以和為貴

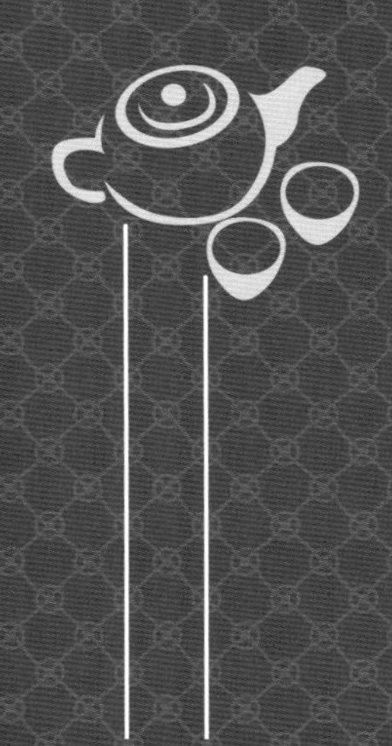

室静兰香
Quiet Orchid Splendour

设计公司　福建国广一叶装饰机构　\　设计师　刘伟
项目地址　福建　\　项目面积　100 平方米
主要材料　仿古砖、主面板、LED 灯

上善若水

当茶成为人们生活中不可或缺的元素时，茶具相应地也以其多姿的形态和各异的功能占据了人们的生活。

设计将明清家具、丹青水墨等中式元素与现代因素相揉和，营造一种既陌生又熟悉、单纯又丰富的空间氛围。竹面板的货架、墙面、仿古砖、实木家具在光影作用下交相辉映，分别衬托着不同风格的茶具，让静态的空间充满了活力。

上善若水

夷尊茶业

Yi Zun Tea Shop

设计单位　道和设计机构　\　设计师　高雄

项目地址　福建福州　\　项目面积　71 平方米

主要材料　黑钛、黑镜、墙纸、木纹砖、条纹砖、实木块、编织板、毛石

武夷岩茶品质独特，它未经窨花，茶汤却有浓郁的鲜花香，饮时甘馨可口，回味无穷。“夷尊”用最浅显的文字记述茶在多元变动因素中如何脱颖而出，并期待带给世人品饮艺术的一份清香。茶是国饮，茶香飘扬千年，你我在茶里乾坤中，有没有找到柔鲜？有没有喝了口茶而能品出她一身风情？

设计茶店可以是件轻松平凡的事，要有一颗对茶的好情，就可以用心品味清香，并且能凝精聚神细细地由茶的实体抽离出意象，并且让这些“象”成形，在这方面我们与业主达成共识——让设计和茶变得简单、自然。

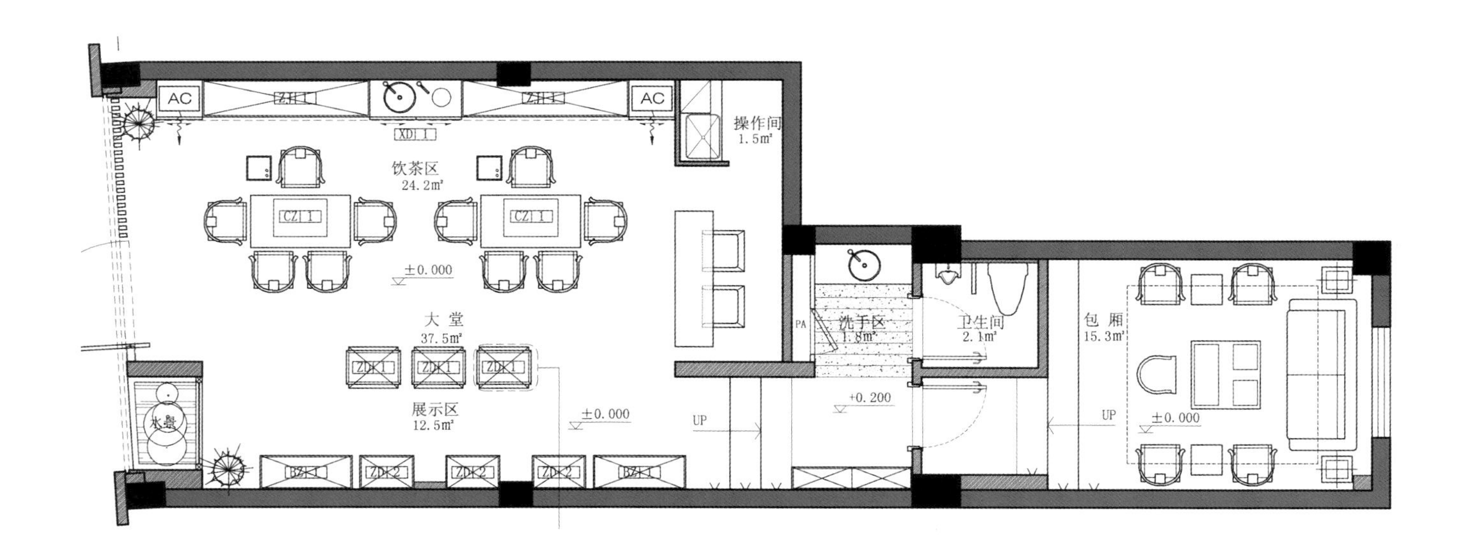

平面图 floor plan

善缘坊茶会所

Shan Yuan Fang Tea Club

设计单位　福州维思空间张开旺设计事务所　\　设计师　林文

项目地址　福建福州　\　项目面积　500 平方米

主要材料　山西黑火烧板、水曲柳染深色漆、金钱花大理石、手工条形砖

善缘坊

设计师通过现代简洁的空间语言，着力于茶会所文化意境的塑造。简洁的线条，给予空间纯粹的力度与美感，精致的结构、简洁硬朗的立面，富有活力的空间，现代与传统融合起来，作品里融入东方美学的特征，却并不显得矫揉造作。

叠拼青水砖在地面铺贴延伸，如水一般清爽而又洁净。在接待前区，设计师设计了宽敞的功能空间，墙面上以大理石的硬朗质感与美丽纹理相点缀，透露出空间尊贵的基调。展示柜上整齐陈列着精致的茶具、陶瓷以及名贵的寿山石工艺品，通过光源的照射，总是轻易便吸引了人们的眼球。在这里不仅仅可以品茗论道，亦可欣赏展示柜上精美的艺术工艺品。听那一把古琴弹奏的一曲意味深长的古调，闲坐在此，喝一杯清茶，可以忘了那流水般溜走的时光，想必这也是设计师倍感满足的事情。

左侧区域，宽大的整木茶几，流畅线条的明式座椅，是品茗的极佳搭配。右侧则是茶艺表演的地方，一曲古筝演绎一段历史的故事，一泡好茶品出一种人生的悟境。异形的白色天花，那轻盈的造型让时光愈加灵动。顺着过道往里，每个包厢都有着浓郁的人文气息，无论简单还是繁复，都是洗涤心灵的处所。出自佛家大师之手的书法墨宝，弘扬的便是善缘禅法。那些泛着岁月旧时光芒的古董收藏品，所散发出来的韵味与艺术美感，令空间的简洁有了丰满的精神内涵。

茶人之家

Haier

现代泡沫红茶店

Modern Bubble Tea Shop

设计单位　真工设计工程股份有限公司 Z-WORK Design Associate　\　设计师　程绍正韬

参与设计　陈冠文、程锡民、江皓千、谢青燕、侯宏明

项目地址　台湾台中　\　项目面积　725 平方米

主要材料　清水模、钢铁、玻璃、绿晶石、凿面观音石、实木、磨石子、水泥粉光

摄影　阿山哥

Heineken

人水
TEA-WORK

回归自然的微风

我喜欢设计的时候，让微风轻拂从笔尖滑过。

不晓得为什么？每当心中，企图去构思任何的有关乎生活的设计规划时，总是期待那柔软的微风吹起，在6B铅笔与纸稿沙沙作响中与夹杂着桂花、缅栀或玉堂春的香氛里；我知道这微风将只是一种媒介，牵引着一种慈悲的和平之光，好来柔软我执着不已、澎湃汹涌的革命之心，及净化那一直泉思如涌、刚健不息的设计能量。

我理解，微风从来不只是一阵流荡的空气，我想，微风是一种轻拂，是一种唤起性灵归神，回归自然态的一种心灵爱抚。

于是，我总不断等待，等待吹微风的时候，以及可以吹微风的地方。喜欢如此，喜欢在这样的如此中，让生硬冷漠的现代设计，也被反转成一场微风，一个可以让微风自然吹拂的场所。

TEA WORK是一个现代泡沫红茶店；也是一个有柔软微风轻拂的地方，我们在微风吹起的时候，完成了这一个可以吹微风的现代地方生活的场所。这现代茶店，卖的已不只是一种被现代化了的茶与水，它不卖什么了不得的设计才华，甚至根本不卖那些想搔首弄姿又舞文弄墨的设计理论（由）。其实，这里就只卖那种被人生与自然四季微风薰拂过的茶香，及俗化现代地方生活中，那已难以寻得的自然性（Nature）。

微风的自然性

微风，是一种自然现象，也是一种自然性。我如果这样子说的话，你应当已经逐渐理解，茶也是一种自然性，亦即自然的微风。当然，倘若我们再据以辩证出——茶——食——茶食——食茶——食茶食，这个再自然不过的生活中的自然性时，我们或许终将恍然大悟，空间不过就也只是协助百姓在所有现代日常生活中，回归自然性的一种协助之缘，这助缘当它像一切辩证的出处环境背景的时候，它是一种控制的母体：诸如人的感官知觉（Perception）、空间背景涵构（Context）及文化现象（Cultural Phenomenon）……之类，而当它散发动人能量的状态，它又扮演一种客观子体－收摄或引领人心的窗口，引领着我们不断于万物的暧昧关系中寻找自然性，然后带领我们自然而然地回家（Nature）；——回到本性。

回家是生命自然的过程，一天也好、一年也好，一生也罢、多生累劫亦然，生命进化就是在不断地与缘起的因果互动中，一面净化（Purify）、一面又自然化（Naturalize）而已，不论是在净化中自然化自我，或是在生命的自然化中净化自我。

回家就是一段如此清晰又暧昧的过程。

所以，当我们理悟至此，设计也就自然成为一种替人也替自己在每个日常状态中协助寻回自性，或即是回到母体本性的方便子体，它虽非永恒之物，但凡俗众生却依此找到永恒。

TEA WORK 像流线性般的美学形体，一方面反应了我心中这个都市区廓因道路快速南北二向的相对速度或能量流汇于此的速度之形，另一方面，他又正如一个舟具，自然而然地成为都市人现代凡俗生活，可以在再凡俗不过的日常茶食生活休闲中的一个理想的渡人之舟，借以在凡俗的大海中进入自然性的环境辨证之舟，这渡凡俗的大海，到彼岸回家的自利利他修悟理想，就巧妙地安置在这个潜藏自然性的凡俗宝藏中吧——建筑。

而我们赖以生存的整体建筑环境，又如何成为一个藏有宝藏的凡俗，特别是在受过菁英文化训练的建筑人，如何转译（Re-translate）或转化（Transfer）及原本桀傲的自我，或自以为是的绝俗设计情境中，成为再柔软不过的自性与凡俗呢？亦即设计人从一段自大的绝俗之地，转入平凡自性的证悟或辨证（Dialetic Process）过程，最后辩证消失，而认识出现。我们也自然了悟了整个存在（Unity）之中的和谐秩序（Harmony），若此，平凡与不凡无异，入俗即是一种出俗，设计当已成为一种境界；正如柯布所说：「建筑是一种思维习惯」，或才终将理解路康之言：「Form Making From Order」（形随自然）。

TEA WORK 中，有壮阔有力的型态变化（Morphology），复杂生动的个人建筑美学技艺（Tectonic），也有着素朴的构筑背景（Concept、Composition、Texture……）当然，也有一大堆数不清的建筑细部变化（Detail）、构造技巧（Technique）、空间美学（Aesthetics）、环境物理（Physical）、环境心理（Psychology），都要全面诗性地从复杂的都市形上形下纹理的涵构系统中，建构起一串串诗性的建筑计划，或谱上一段段建筑之诗，并软化在风中、光中、水中，与凡人的俗世茶食生活之中。

微风，本只是空间大气环境流荡的微弱气流，但我总喜欢在它每每吹拂我脸颊时，也同时让他轻抚我心；所以，设计的发生，如果在有微风的地方与时候，设计的本身也就是一场关于微风的辩证，而结论就是我们必须透过辩证后的清明认识，再去设计另一场微风。

没有人会讨厌微风的，我们造柔软的微风去吧！

上堡茶叶工坊

Shangbao tea workshop

设计单位　GID 格瑞龙国际设计有限公司　\　设计师　曾建龙
参与设计　于巧发
项目地址　浙江温州　\　项目面积　94 平方米
主要材料　鸡翅木、涂料、仿古砖

上堡茶叶工坊以收藏紫砂壶为主，同时又带有茶道文化的气氛。主人希望通过这个平台能结识一些志同道合的人群一起来玩壶，做到以茶会友以壶谈论人生的主旨。

设计应用了当代东方设计语言来进行空间的表现，在空间里设计了公共大厅展示区以及两个包间。

通过线、面的关系来进行空间结构塑造，从而传递了空间的艺术气息以品位表达，同时代表设计师用一种简单方式来解读当代东方文化的语言。空间的主调以黑白为主色系，木材选择鸡翅木为主饰面板，这样可以更好的表现出收藏品的质感。

作品东方文化气息浓重，整体空间突出以茶会友的特色。

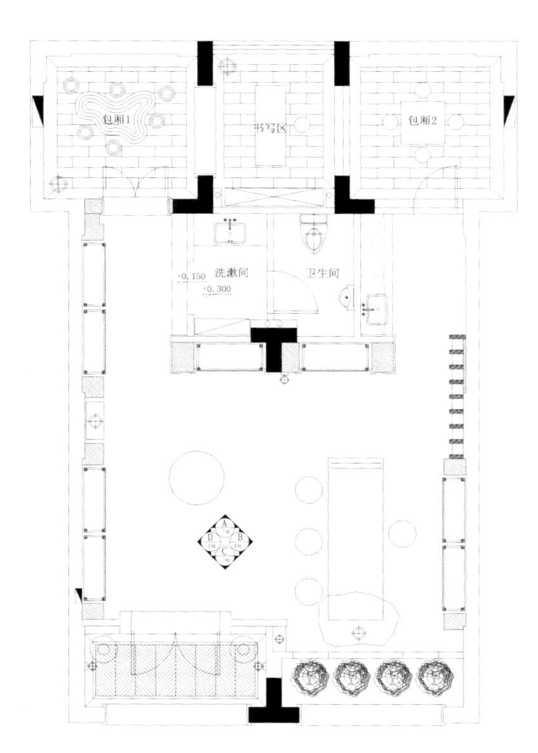

平面图 floor plan

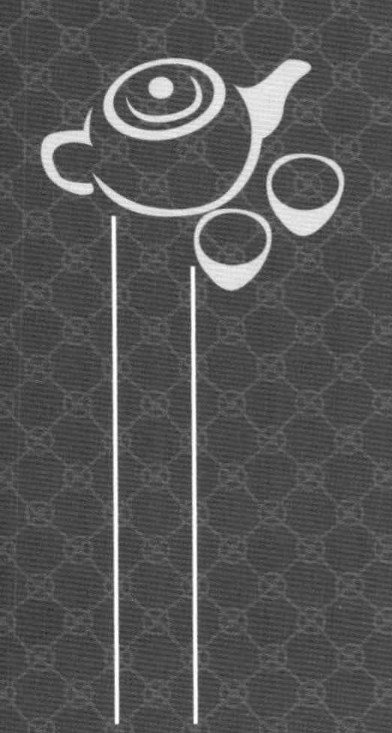

小慢

Small slow

资料提供　小慢茶馆

项目地址　台北　\　项目面积　116 平方米

面积35平方米，茶馆的建筑概念全部都由天然材质为主，是个有机的空间，可以说是都市的绿建筑。

前后院都有绿叶扶疏，加上近年来游走于日本京都，参访了许多有趣的小径，愈发觉得在都市繁忙的脚步中，如果可以寻觅一处静谧空间与环境喝茶，是多么雅致及幸福的一件事。所以基于多年来喝茶的体会和空间的重要性的结合之下，在五年前就有了小慢这个空间，在这里可以品茶、赏花、甚至研习茶道。希望把这个延伸让更多的国外人士能亲近茶席、领略五感的茶文化之美。

图书在版编目（CIP）数据

茶馆：品茗悟禅 /《茶馆：品茗悟禅》编委会编
写. -- 北京：中国林业出版社，2013.10
ISBN 978-7-5038-7220-4

Ⅰ. ①茶… Ⅱ. ①茶… Ⅲ. ①服务建筑－室内装饰设
计－图集 Ⅳ. ① TU247-64

中国版本图书馆 CIP 数据核字 (2013) 第 227257 号

本书编委会

策　划：思联文化
顾　问：孔新民

编写成员：
贾　刚　柳素荣　高囡囡　王　超　刘　杰　孙　宇　李一茹　姜　琳　赵天一
李成伟　王琳琳　王为伟　李金斤　王明明　石　芳　王　博　徐　健　齐　碧
阮秋艳　王　野　刘　洋　陈圆圆　陈科深　吴宜泽　沈洪丹　韩秀夫　牟婷婷
朱　博　宁　爽　刘　帅　宋晓威　陈书争　高晓欣　包玲利　郭海娇　张文媛
陆　露　何海珍　刘　婕　夏　雪　王　娟　黄　丽　程艳平　高丽媚　汪三红
肖　聪　张雨来　韩培培　张　雷　傅春元　邹艳明

采访编辑：柳素荣
特约编辑：张　岩

中国林业出版社·建筑与家居出版中心

责任编辑：纪亮 李丝丝
联系电话：010-8322 5283

出版：中国林业出版社
（100009 北京西城区德内大街刘海胡同 7 号）
http://lycb.forestry.gov.cn/
E-mail：cfphz@public.bta.net.cn
电话：（010）8322 5283
发行：中国林业出版社
印刷：北京利丰雅高长城印刷有限公司
版次：2013 年 10 月第 1 版
印次：2013 年 10 月第 1 次
开本：245mm × 340mm 1/8
印张：45
字数：150 千字
定价：358.00 元（USD 65.00)